桂林特色茶树资源研究

广西壮族自治区茶叶科学研究所　编

广西科学技术出版社
·南宁·

图书在版编目（CIP）数据

桂林特色茶树资源研究 / 广西壮族自治区茶叶科学研究所编 . — 南宁：广西科学技术出版社，2023.11
ISBN 978-7-5551-2013-1

Ⅰ . ①桂… Ⅱ . ①广… Ⅲ . ①茶树—植物资源—研究—桂林 Ⅳ . ①S571.1

中国国家版本馆CIP数据核字（2023）第152973号

GUILIN TESE CHASHU ZIYUAN YANJIU

桂林特色茶树资源研究

广西壮族自治区茶叶科学研究所 编

策　　划：何杏华
责任编辑：陈诗英　　责任校对：苏深灿
责任印制：韦文印　　装帧设计：梁　良

出 版 人：梁　志
出　　版：广西科学技术出版社
社　　址：广西南宁市东葛路 66 号　　邮政编码：530023
网　　址：http://www.gxkjs.com

印　　刷：广西昭泰子隆彩印有限责任公司

开　　本：889mm × 1194mm　1/32
字　　数：120 千字　　印　　张：6.25
版　　次：2023 年 11 月第 1 版
印　　次：2023 年 11 月第 1 次印刷
书　　号：ISBN 978-7-5551-2013-1
定　　价：48.00 元

编 委 会

前　言

桂林市以奇特的山水和悠久的历史文化闻名天下，古有南宋诗人王正功的“桂林山水甲天下”这一千古名句，今有陈毅元帅“愿作桂林人，不愿作神仙”的赞誉。

据《龙胜县志》《兴安县志》和《平乐县志》记载，早在清代，龙胜龙脊茶、兴安六垌茶、平乐糯涩茶已被列为“贡茶”。《本草纲目拾遗》卷六《木部》有记载：“龙脊茶，出广西，亦造成砖。除瘴解毒，治赤白痢。”在桂林民间，“打油茶”习俗已逾千年，说明桂林境内茶树分布较为普遍，种茶历史较为悠久。

然而一直以来，桂林茶的历史文化没有得到系统的梳理，实为憾事。为进一步深入挖掘桂林茶的历史文化，广西壮族自治区茶叶科学研究所组建“桂林特色茶树资源的发掘与评价研究”课题组，搜集整理了桂林茶的发展历程，并对相关的特色茶树资源进行了探索研究，将所得成果结集成《桂林特色茶树资源研究》一书。

本书系统阐述桂林茶的历史溯源，介绍桂林的茶文化，梳理桂林特色茶树资源的分布，对桂林丰富的茶树品种资源、桂林的地理环境与桂林茶品质的关系做相应的研究，采用现代化分析手段对桂林特色茶树资源的主要类型单株进行标记并开展形态学研究，同时对茶树资源的遗传多样性与亲缘关系进行探索，还通过绿茶、红茶、六堡茶产品的适制性研究，剖析桂林各区域绿茶、红茶、六堡茶、桂花茶的品质特征，最终对桂林特色茶树资源保护与开发利用提出有效的建议。本书可为茶科技工作者、茶企业管理者提供有益参考，并对桂林茶更深层次的研究起到推动作用。

由于编者水平有限，书中难免存在一些疏漏和不足之处，敬请各位专家及有识之士批评指正。

编　者

2023 年 6 月

目　录

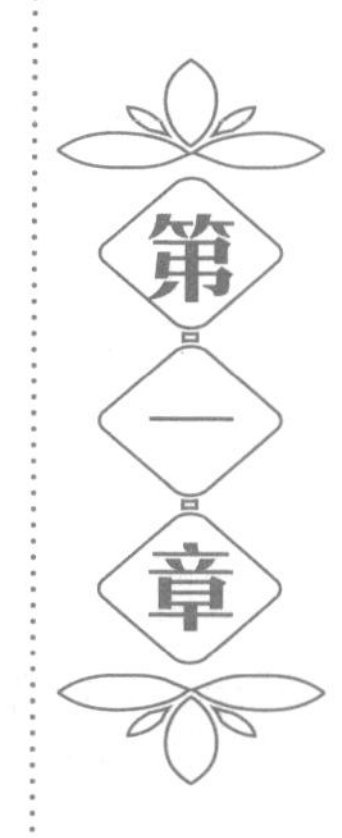

第一章 桂林茶发展概况

一、历史溯源

桂林地处华南茶区。据《广西通志》记载，桂西北山区是茶树原产地云贵高原的延伸地带，适宜茶树生长。凌云、乐业、百色、上林、扶绥、上思、龙胜、兴安、临桂等地均有野生茶树。广西茶树栽培源远流长，至今已有2000多年历史，早在秦汉时期就有，至唐朝大盛，到宋朝广西茶叶已发展成为商品，并开始课税。宋崇宁元年（1102年）蔡京立茶引法（征茶税），规定“60斤*茶纳铜钱600文，当时广西茶税达1183贯（1贯为1000文）960文”。宋高宗绍兴三十二年（1162年），“广南西路茶叶产量多达90681斤，且分布甚广”。今融水、临桂、灵川、兴安、荔浦、永福、贵港、玉林、平乐、平南、宾阳等地皆产茶叶。据南宋周去非的《岭外代答·食用门·茶》记载：“靖江府修仁县产茶，土人制为方銙。……修仁其名乃甚彰。煮而饮之，其色惨黑，其味严重，能愈头风。”据民国《灵川县志》载，宋绍圣年间，秦观谪岭南，寓灵川年，尝赋县西吕仙岩茶诗（今三街火车站西侧），人皆传诵。宋绍兴三十二年（1162年），“静江府年产茶叶7.22万斤，占广西茶叶总产量的90%”，这个时期是桂林茶叶史上的兴旺时期。

清末民初，桂林茶叶生产稳步发展。清宣统二年（1910年），灵川县生产商品茶叶100担（1担约50公斤）；民国初年，灵川

---

* “斤”为非法定计量单位，但在旧志书中所用单位均为“斤”，为保持历史原貌，本书在述及旧志书中记载数据时仍保留“斤”。1斤=0.5公斤。

设茶叶捐以充地方财政，其收入金额仅次于学田租，而在屠牛捐之上。《恭城县志》载，恭城全县茶叶产量1910年为10吨，1934年为58.8吨。《永福县志》载，1934—1938年茶叶种植面积5000多亩*，年产茶叶27000多担。《龙胜县志》载，世居县内壮、瑶、苗、侗族人民素有吃“油茶”的习俗，故户种大叶茶极为普遍；1933年茶叶总产量300担，大部分是谷雨后采叶蒸成圆茶饼使用，唯龙脊为采嫩芽经炒、蒸、晒制后保存使用，品质独异。早在清乾隆年间，龙脊茶即被定为贡品。据《兴安年鉴》记载，1942年全县茶叶种植面积352亩，年产茶叶1.88万公斤，价值72.69万元。县内著名茶叶为六堡茶，俗称“六垌茶”，产于华江乡。六垌茶品质优良，素有“川江茶叶不如六垌茶”之说。其中以黄腊岭所产六堡茶为代表，相传在清代曾作贡茶，其特点：叶子久煮不烂，茶水一周不馊，水色呈金丝黄而透明；用老鸦啃的井水烧开冲茶，揭盖后，汽水上冲，久久不散，形似凤尾，缭绕而上，一屋清香，嗅胜于喝。1942年六垌茶种植面积为120亩，年产茶叶1000公斤，主要销往桂林、梧州以及湖南等地。1977年，自治区相关部门组织茶叶技术人员品尝六垌茶后，将六垌茶评为桂北优良品种。《平乐县志》载，平乐县内主要有糯湴茶、石崖茶及甜茶等。明末清初，长滩糯湴茶已有名气，因产于长滩糯湴村而得名，其对治疗腹泻有一定效果，在清代作为贡品上贡朝廷。

这些县志记载证明了桂林茶叶种植、生产历史悠久，是广

* “亩”为市制非法定计量单位，但目前农业生产中统计口径仍多用“亩”，为方便阅读，本书仍保留“亩”。1亩≈1/15公顷≈666.67平方米。

西主要的茶叶生产区之一。历史上有记载，修仁茶曾为宋代贡品茶，龙胜龙脊茶、兴安六垌茶、平乐糯溢茶曾为清代贡品茶。

20世纪30—40年代，桂林茶叶生产进入衰落时期。特别是抗日战争时期，茶叶出口受阻，茶叶销量锐减，茶价下跌。据《广西通志·农业志》记载，1933年，茶粮比价为1斤茶叶可换3.7斤大米，而抗日战争期间1斤茶叶只能换1.5斤大米，特别是1943年，1斤茶叶还换不到半斤大米。茶叶主产区的苍梧县六堡乡，年产茶6000担以上，1926—1929年，当地每担六堡茶售价为30元左右，而抗日战争期间跌至18元。茶价暴跌，严重损害茶农的利益，茶叶生产一落千丈。到1945年，广西茶叶种植面积只有111379亩，茶叶总产量降至29566担，仅为盛年产量的1/3（表1–1）。

表1–1　1945年广西主要产茶县茶叶种植面积及产量

主产县	面积（亩）	产量（担）
横县	19850	4420
贺县	21744	7586
岑溪	6450	2505
苍梧	7500	3950
桂平	1685	510
灵川	2000	500
上林	5150	920
藤县	10000	200
小计	74379	20591
广西合计	111379	29566

中华人民共和国成立后，桂林的茶叶种植面积大幅增加，对外贸易迅速发展起来。同时，当地政府加强了对茶叶生产的管理，并积极培养茶叶人才和组织开展科学研究。1965 年成立桂林茶叶示范场，1979 年在桂林茶叶示范场的基础上成立广西壮族自治区桂林茶叶科学研究所，2019 年底更名为广西壮族自治区茶叶科学研究所。

据《桂林市志》记载，中华人民共和国成立后茶叶列为二类物资，由国家计划调拨，1981 年后放开经营，桂林市土产公司年销售茶叶 4000 ～ 5000 担。在长时间的计划经济体制下，桂林一直是广西茶叶的主产区之一。《荔浦县志》记载，1965 年荔浦县茶园只有 540 亩，1978 年后扩增到 1 万亩。1963 年，荔浦县茶叶出口 5.15 吨，1966 年增至 110.5 吨。《永福县志》记载，1956 年茶叶的产量最高，达到 14 万公斤。《龙胜县志》记载，据供销联社统计，1960 年全县收干茶叶 131800 斤。其中，仅和平乡即占 73500 斤。1964 年生产茶叶 0.1 万担，其中，外贸出口 30 吨。1966—1967 年，龙胜县委号召各公社、大队改坡地为水平梯地，大办茶场。全县共办茶场 18 个，植茶梯地 4000 亩，同时引进茶叶新品种，并在农业局设茶叶技术人员 1 人。后因被大办粮食压倒，茶叶生产逐年减少。1967 年，和平乡种茶面积下降至 400 亩，年产干茶仅 2 万斤左右，比 1960 年减少 5 万多斤。1970 年茶叶产量提高，商业部门收购 13.18 万斤。1983 年，龙胜生产的龙脊茶参加全国鉴评会，被认定为全国 28 大名茶之一。据《全州县志》记载，20 世纪 60 年代，经县人民政府提倡，1965 年植茶 1819 亩，产茶 28 吨；1976 年被列为全国 116 个茶叶基地县之一；1978 年种茶 1.37 万亩，总产量 62 吨；1984—1990 年，茶园面积稳定在0.6万亩至0.8万亩之间；1986年以后，单产逐年提高，1990年总产量达458吨。茶叶的质量，以桂北农场所产为佳，1986年后其茶叶远销海外。据《兴安县志》记载，20世纪50年代，全县平均每年生产茶叶4.24万公斤，其中1959年产量达6万公斤，此后逐年下降。1961年茶叶产量为5.7万公斤，1963年降至1.17万公斤。1960—1965年，平均每年产量下降1.95万公斤，较20世纪50年代平均每年下降54.00%。其中1965年执行"对样评茶，按质论价"政策，全县新种茶500亩，当年茶叶总产量为2.06万公斤。1966—1976年，忽视了茶叶的生产，茶叶产量持续下降。至1976年下降至1.41万公斤，相比1965年，下降了31.60%。1981年实行统一收购、调拨和价外补贴政策，全县种茶5315亩，产茶5.48万公斤，比1976年增长2.89倍。此后，茶叶产量相对稳定。但由于实行多渠道经营，土产部门的茶叶收购量逐年减少。1982年收购3.25万公斤，1983年收购0.92万公斤，1985年降至0.25万公斤，1986—1990年停止收购。《平乐县志》记载，中华人民共和国成立后很长一段时间，由于偏重粮食生产，茶业没能正常发展。1970年，县土产公司配备专职茶业技术干部，指导全县茶树种植和制茶。全县先后引进临桂五通种、云南大叶种、浙江鸠坑茶、福建福鼎茶等优良品种栽种，至1978年全县建立茶场118个，当年全县茶树种植面积520亩，以大扒、长滩、张家、同安、阳安等地所产的茶叶质优量多。1979年大扒公社小扒生产队的7亩茶园产茶叶1100公斤，平均亩产157公斤，总产值3600元，是桂林地区唯一亩产超150公斤、亩产值超500元的茶场。1982年，全县产茶叶19300公斤。1982年以后，集体茶园疏于管理，逐渐荒芜，茶叶产量下降，至1985

年全县茶园只有 143 亩，年产茶叶 3700 公斤。1988 年后，茶叶种植面积有所增加，至 1990 年全县茶叶种植面积增至 1089 亩，总产量达 28500 公斤。

随着中国经济由计划经济开始逐渐向市场经济转型，桂林的茶叶产业在 20 世纪八九十年代错失了一次走向全国的机会。2014 年 4 月 29 日，《桂林晚报》登载的《桂林茶业为何“茶”翅难飞？》中提到，“20 世纪 80 年代，全州、荔浦都是万亩茶园县，这在当时的中国也屈指可数”，这无疑为茶业的发展打下良好的基础。而对于后来的茶业发展，《荔浦县志》载，“1981 年后，茶叶分户管理，部分农户毁茶种果”，“这样的情况，发生在当时桂林每个茶叶种植区域”。其原因是当时桂林没有与茶叶产量相匹配的茶叶初制厂，如荔浦有万亩茶园，但没有一个茶叶初制厂。在统购统销时，茶农不愁销路，但市场放开后，问题就出现了，茶叶没人收。这导致桂林茶叶种植面积锐减，曾经拥有万亩茶园的全州县，至今茶叶种植面积也只有一两千亩。这一转折，让桂林失去了抢占国内茶叶市场的黄金期。同时期，福建安溪铁观音、广东凤凰单枞等茶品迅速扩张，大大开拓了市场空间。

近年来，桂林市政府越来越重视茶产业的发展，把做大做强茶产业与实现农业产业升级相结合，桂林的茶产业有了一定起色。

二、桂林茶文化

桂林的壮、瑶、苗、侗等少数民族对古茶树十分崇拜，视其为可以佑人安康的神灵，祈求茶神赐福的祭茶节、油茶节等传统习俗一直流传至今，如龙胜各族自治县于每年农历谷雨节气举办的古树茶文化节、资源县河口瑶族乡举办的瑶乡采茶节、恭城瑶族自治县的油茶文化旅游节等。桂林民间普遍有喝油茶的习惯，“打油茶”亦是桂林百姓用来待客的一种方式。每个县（市、区）的油茶各有风格，其中以恭城油茶名气最大。

（一）恭城油茶

油茶是恭城人普遍饮用而又独具风味的饮料。恭城地处山区，多雾瘴，寒热无常，为防疾病，人们好饮油茶。俗有“恭城风俗，油茶泡粥，除瘴防病，浑身舒服”之说。油茶制法：先烧开水，架上茶锅，放少许生米炒焦，加些油盐。将茶叶、蒜米、花生米、生姜捣碎放入锅内小炒，捣烂后冲上开水，稍煮之后，香气扑鼻，滤渣取汁，即可饮用。余渣再入锅，放油盐捣打，可复打三次，以两三次为佳，俗称“一杯苦，二杯甲（涩），三杯才是好油茶”。平时多以爆花玉米、米花、炒花生、炒黄豆等伴饮。逢年过节，则以油炸麻蛋果、排散、饼干、糕点、粑粑伴饮。亲友登门，或者深夜聊天，必煮油茶招待。有的地方限喝三杯五杯，倘有至亲好友，部分地区先煮黄糖鸡蛋茶，再煮油茶，有的喝了油茶再喝酒。喝油茶原为山区习俗，现已遍及城乡。瑶族地区，凡是有人登门，不论亲疏，必以油茶招待。

（二）灌阳油茶

油茶、姜茶，这是灌阳人普遍饮用而又独具风味的饮料。上灌阳人喜喝油茶。油茶又叫米花茶。油茶制法：先将炒米用菜锅炒成爆米花备用，然后放上茶锅，第一杯煮糖茶，接着煮米花茶。米花茶的主料是米花、米粉（或面条），把茶叶、绿豆或豌豆、花生、嫩瓜、菜花、薯片、猪肉等放到茶锅里煮熟做配料。调以油、盐、味精等作料，冲上开水，稍煮沸后，每杯放上米粉、米花两三汤匙及葱花、酸辣椒，滤渣取汁，盛于各个杯中，即可饮用；余渣再放油、盐捣打，继续煮第二、第三杯。下灌阳人，除新圩乡、水车乡的部分地区喜喝油茶外，其他地方多数人爱吃姜茶。打茶时，先将生姜打碎，与茶叶一起放茶锅里炒香，然后加水加盐煮沸，一人一杯。炒一次煮一锅，吃茶杯数不限，随意饮用。有的人家常用荽油籽和茶叶一起打茶，又叫荽油茶。饮了此茶，爽口清心、生津止渴、振奋精神，令人回味无穷。亲友登门，或者夜间聊天，必煮茶招待。喝油茶现已遍及城乡各地，尤其是上灌阳，早上非煮油茶喝不可。

（三）兴安油茶

油茶是兴安侗族、瑶族、汉族等人民的饮料，以白石、漠川、高尚、崔家等乡为主。油茶制法：将茶叶放锅里面边煮边用勺子碾轧直至成泥，再放入姜末、蒜末、油、油渣粒，然后加水、加盐煮开。食用时，配以米花、花生、脆苞谷、黄豆等。

三、桂林特色茶树资源分布

桂林特色茶树资源是指长期生长于桂林市行政区域内的自然型野生茶和栽培型野生茶。自然型野生茶指自然出生成长于山野林间的茶树；栽培型野生茶指人工栽培的茶树，因无人管理，茶园荒芜，经几十年的自然生长后，重新开发利用的茶树。桂林壮、瑶、苗、侗族人民素有喝油茶习俗，故农户种大叶茶极为普遍。农户从山上采回茶树种子或是挖回幼苗，栽种在房前屋后，每年开春采摘鲜叶，再加工成日常打油茶的原料。桂林特色茶树资源分布很广（表1–2），据初步统计，分布区域面积达到50万亩，以龙胜、兴安、资源、临桂的野生茶树分布最多，其中龙胜龙脊野生茶、兴安六垌茶、资源葱坪野生茶、临桂五通种这些茶树资源地方特色明显，分布相对集中，开发利用较为深入。

表1–2　桂林特色茶树资源主要分布情况

地区	主要分布区域
平乐	长滩乡
全州	永岁乡、庙头镇、大西江镇、龙水镇、才湾镇、绍水镇、咸水镇、蕉江瑶族乡、东山瑶族乡
资源	梅溪镇、河口瑶族乡、中峰镇、延东乡、瓜里乡、车田苗族乡
兴安	华江瑶族乡
龙胜	龙脊镇、江底乡、马堤乡、伟江乡、泗水乡
临桂	茶洞镇、宛田瑶族乡、黄沙瑶族乡、五通镇、保宁乡、两江镇、六塘镇、南边山镇
荔浦	修仁镇
灵川	九屋镇、海洋乡
恭城	平安乡
永福	龙江乡、百寿镇、堡里镇、罗锦镇、广福乡
灌阳	西山瑶族乡、洞井瑶族乡、观音阁乡、黄关镇

桂林的地理环境与茶的品质

一、桂林的地理环境

桂林山清水秀，属亚热带岭南湿润气候区，气候温和，雨量丰沛，森林覆盖率在75.00%以上，具有喀斯特、丘陵和局部丹霞等丰富而奇特的地形地貌。优越的生态环境和地理条件，使桂林成为最适宜茶树生长的区域，并形成了丰富的茶树资源。漓江是桂林的母亲河，发源于“华南第一峰”桂北越城岭猫儿山，流经灵川、桂林、阳朔，至平乐汇入西江，全长437 km，是全国流经市区水质最好的河流之一，所有国家级考核水流断面水质均达到地表水Ⅱ类标准，水质达标率达100%，森林覆盖率达80.50%。好山好水出好茶，桂林的优越生态环境使产出的茶叶品质优异。据史料记载，桂林曾出产荔浦修仁茶、兴安六垌茶、龙胜龙脊茶等历史名茶。近年来，桂林茶叶逐渐得到恢复与发展，以形美香郁味甘醇厚得到消费者的喜爱。

二、丰富的茶树品种资源

漓江北源至猫儿山国家级自然保护区，南至平乐三江口，东至海洋山自治区级自然保护区，西至青狮潭自治区级自然保护区，这个区域山峰叠峦，自然环境优异，生长着丰富的茶树品种资源。随着林地的生态得到保护，这部分区域的茶树资源也得到保护与恢复。调查发现，此区域的野生茶树资源多种多样，有野生大叶品种、野生中叶品种和野生中小叶品种等，丰富的品种资源为茶叶开发和打造特色品牌奠定了基础。

（一）野生大叶品种资源

大叶品种主要生长在龙胜、资源这一带，以龙胜龙脊野生茶为代表。品种特征为小乔木型，大叶类，早生种；植株高大，自然生长树高 3 ～ 9 m，树姿半开张，叶片稍上斜状着生；叶片特大，长椭圆形，叶色绿或黄绿，富光泽；叶面平，叶身内折，叶质厚、柔软；芽叶黄绿色，稀紫色，茸毛少，一芽三叶百芽重 78 g 左右，生育力强，持嫩性强。开采期在 3 月下旬至 4 月中旬。春茶一芽二叶干样含水浸出物 44.81% ～ 46.60%、氨基酸 3.58% ～ 4.20%、茶多酚 25.30% ～ 30.70%、咖啡碱 4.98% ～ 5.36%，适制红茶和六堡茶。红茶品质特征：外形条索紧结，色泽乌润，汤色红亮，香气花香或果香，滋味醇和、鲜甜；六堡茶品质特征：外形条索紧结，色泽黑褐，汤色褐红，滋味浓醇。

（二）野生中叶品种资源

中叶品种主要生长在兴安华江、兴安与资源交界山脉，以兴安六垌茶为代表。品种特征为小乔木型，中、大叶类，早生种；植株适中，树姿半开张，分枝密度大，叶片水平或稍上斜状着生；叶椭圆或长椭圆形，叶色绿或黄绿，富光泽；叶面平或微隆起，叶缘微波，叶身平，叶尖渐尖，叶齿锯齿形，叶质柔软；芽叶黄绿色，茸毛少，一芽三叶百芽重 75 g 左右，生育力强，持嫩性强。开采期在 3 月中旬至 4 月初，产量较高。春茶一芽二叶干样含水浸出物 45.60% ～ 46.60%、氨基酸 3.20% ～ 4.20%、茶多酚 24.00% ～ 25.30%、咖啡碱 5.22% ～ 5.64%，适制红茶和六堡茶。

红茶品质特征：外形红润尚紧细，汤色红亮，香气花香或甜香浓，滋味醇厚，含香；六堡茶品质特征：外形尚紧细，汤色红亮，滋味浓醇。

（三）野生中小叶品种资源

中小叶品种主要生长在荔浦市修仁镇、荔浦与金秀交界山脉，以荔浦修仁茶为代表。品种特征为小乔木型，中小叶类，早生种；植株适中，树姿开张，分枝密度中等，叶片水平或稍上斜状着生；叶椭圆或长椭圆形，叶色绿或黄绿，富光泽；叶面平或隆起，叶缘平，叶身平，叶尖钝尖，叶齿锐浅，叶质柔软；芽叶黄绿色，带茸毛，一芽三叶百芽重 60 g 左右，生育力强，持嫩性强。开采期在 3 月下旬至 4 月初，产量较高。春茶一芽二叶干样含水浸出物 42.00% ～ 45.70%、氨基酸 3.40% ～ 4.60%、茶多酚 21.60% ～ 26.20%、咖啡碱 3.86% ～ 3.93%。适制绿茶和六堡茶。绿茶品质特征：外形绿润紧细，嫩香或栗香高锐持久，滋味浓醇；六堡茶品质特征：外形紧细，汤色红亮，滋味浓醇。

三、环境对桂林茶品质的影响

桂林属中亚热带气候区，四季分明，气候温和，夏无酷暑，冬不严寒，雨水丰沛，非常适合茶树的生长，且这一带山峦重叠，有一定的海拔高度，从光照、气候、湿度、降水量、土壤到生长的植被都为茶树的生长提供了得天独厚的自然生态条件。

（一）海拔对茶叶品质的影响

桂林地处东经 109° 36′ 50″ ～ 111° 29′ 30″，北纬 24° 15′ 23″ ～ 26° 23′ 30″，而茶区均处山地、丘陵地带，大多处在海拔 400 ～ 1200 m 的区域，与我国主要高山名茶的分布区域同一海拔。这一海拔的地区具有昼夜温差大、湿度大、多云雾的气候特征，利于优良茶叶品质的形成。昼夜温差大有利于光合产物的积累，提高蛋白质、氨基酸和可溶性糖的含量。湿度大可使茶树生长速度减缓、芽叶持嫩性增强，提高新梢中可溶性氮化物的含量，利于氨基酸和香气物质的形成。多云雾和湿度大的环境，可避免直射光过多，增加漫射光，提高氨基酸中的蛋氨酸、胱氨酸含量，利于茶叶芳香物质的形成。这些都是高山茶香气持久、滋味鲜醇浓爽的主要成因。桂林部分茶园虽处在海拔 400 m 以下，但四面环山，四周植被覆盖率高，空气湿度较大，雨水丰沛，气候温和，具备优越的天然小气候环境，适宜茶树生长和利于优良茶叶品质的形成。

图 2–1　桂林的海拔适合茶树生长

（二）光照对茶品质的影响

图 2–2　桂林的光照适合茶树生长

桂林光照强度不高，年日照时数约 1300 小时，日照时数以 7 月、8 月最多，无霜期 320 天。光照（包括光质、光照强度、光照时间）与茶叶品质密切相关。桂林春季和夏季初以阴雨、多雾天气为主，且大部分茶园森林繁茂，云雾缭绕，日照百分率较小，茶树接受光照的时间短、强度弱，但阴雨、多雾天气使照射到茶园的太阳散射光和蓝紫光增多，增强了漫射效应，有利于茶树的生长发育和光合作用，提高茶叶中的叶绿素、全氮量、氨基酸等含氮化合物含量，降低儿茶素含量，促进优良茶叶品质的形成。

（三）温度对茶叶品质的影响

茶树生长适宜的温度是 15 ～ 30 ℃，10 ℃左右开始发芽，最适生长温度为 22 ℃，最低临界温度为 –15 ℃，最高临界温度为 45 ℃。漓江流域属于中亚热带季风湿润气候，年平

图 2-3　桂林山清水秀，温度适合茶树生长

均温度为 19℃，1 月平均气温为 6.8 ～ 8.4℃，7 月平均气温为 27.0 ～ 28.6℃，极端最低气温为 –5.1℃，极端最高气温为 39.5℃，全年的降水量、光照和太阳辐射总量的 70% 均集中于日平均气温≥ 10℃的时间里。漓江流域整体为冬暖夏凉、冬无严寒、夏无酷暑、雨热同期的气候特点。凉爽的天气和较高的湿度能促进茶树的新陈代谢，促进茶树化学物质的转化、形成和积累，使茶树芽叶粗壮、节间长、持嫩性好，氨基酸和芳香物质积累多，提高茶叶品质。

（四）水分对茶品质的影响

水分是茶树生长、发育、代谢的重要物质基础，也是茶树生长过程中不可缺少的条件。它关系到茶树体内新陈代谢的强度和

图 2–4　桂林的水分环境适合茶树生长

方向，影响茶树有机物的含量和种类，从而影响茶叶品质。据研究报道，在水分丰沛、空气湿度大的环境条件下生长的茶树，其糖类的缩合、纤维素的合成受阻。当土壤相对湿度在90%时，茶叶中谷氨酸和天冬氨酸的含量最高，滋味最佳。漓江流域平均年降水量为1647 ～ 1903 mm，春夏降水较为集中，即使秋季干旱，其降水也占15%左右，加上有繁茂的植被，水分充足，空气湿度较大。因此，桂林适宜的水分环境，利于优良茶叶品质的形成。

（五）土壤和植被对茶叶品质的影响

茶树具有喜酸耐铝忌碱的特性，对土壤 pH 的要求以 4.5 ～ 6.5 为宜。漓江流域土壤主要由红壤、黄壤、紫色土、水稻土和少量裸岩构成，pH 适度，土壤肥力相对较高，有机质含量大于 2%，

全磷含量大于 0.02×10^{-6} mg/mL，全钾含量大于 0.5×10^{-6} mg/mL。土壤以红壤为主，土层较厚，土质松软、养分含量高，富铝化强烈。丘陵、山地土壤多为风化土，碎石较多，结构疏松，通透性好，土壤中矿物质丰富，含有茶树所需的各种养分，利于优良茶叶品质的形成。此外，桂林有 3 个自然保护区，有丰富的森林资源，对小气候起到天然调节的作用，利于茶树的生长以及优良品质的形成。

图 2–5　桂林具有优良的土壤和植被环境

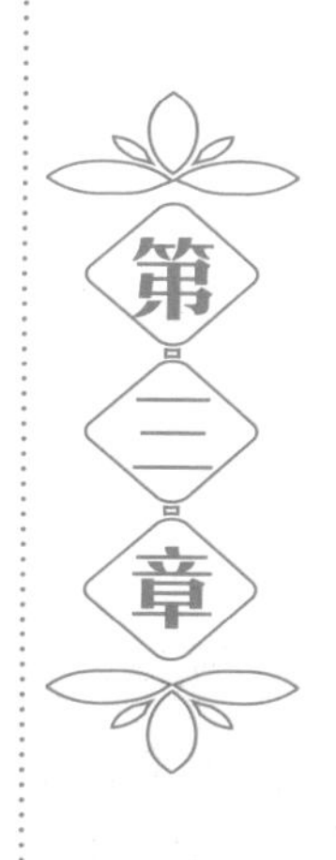

第三章

桂林特色茶树资源主要类型单株标记

桂林特色茶树资源主要分布在龙胜、资源、兴安、临桂、荔浦、灵川、恭城等县（市、区），地处都庞岭、越城岭、大瑶山、海洋山等山脉，分布区域广泛，遗传多样性丰富，形态特征变化多样。从群体种中选取有区域代表性的单株进行形态、生化成分和分子指纹图谱标记与测定，能为研究桂林地区茶树起源与传播、茶树植物分类和茶树新品种选育，更好地保护和开发利用茶树资源提供基础支持和核心数据。

一、材料与方法

（一）材料

通过对桂林境内生长的特色茶树资源进行实地调查，选取各地区有代表性的茶树单株资源 34 份，以所在地理位置的第一个字母分别命名，观测和记录单株各项指标，用于本次标记。

使用的 ISSR 引物见表 3–1。

表 3–1　ISSR 引物

引物序号	序列
UBC815	$(CT)_8G$
UBC822	$(TC)_8A$
UBC843	$(CT)_8RA$
UBC844	$(CT)_8RC$

续表

引物序号	序列
UBC845	$(CT)_8RG$
UBC853	$(TC)_8RT$
UBC854	$(TC)_8RG$
UBC864	$(ATG)_6$
UBC873	$(GACA)_4$
UBC879	$(CTTCA)_3$
UBC892	TAG ATC TGA TAT CTG AAT TCC C
UBC895	AGA GTT GGT AGC TCT TGA TC
UBC899	GAT GGT TGG CAT TGT TCC A

（二）方法

形态指标观测：参考陈亮等编著《茶树种质资源描述规范和数据标准》的方法进行取样和调查。

ISSR-PCR 扩增：采用黄建安等改良的 CTAB 法对茶树基因组 DNA 进行提取；参照已有茶树 ISSR-PCR 体系，使用 PCR 扩增，所得的提取物在 2.00% 的琼脂糖凝胶电泳下检测，电泳结束后经过凝胶成像系统查看并拍照。

二、单株资源形态特征

（一）ZHCP1

图 3–1　ZHCP1 植株

小乔木型，树高 6.0 m，树幅 4.0 m，最低分枝 0 m，基部干径 30.3 cm，胸部干径 20.5 cm，树姿半开张，分枝密度中等。嫩枝有茸毛。成熟叶绿色，长椭圆形，叶长平均 10.32 cm，叶宽平均 3.98 cm，叶面积平均 28.75 cm^2。中叶类，叶脉 10 对，叶基楔形，叶面平，叶身平，叶尖渐尖，叶缘平，叶齿锯齿形，叶背茸毛少，叶质中等。

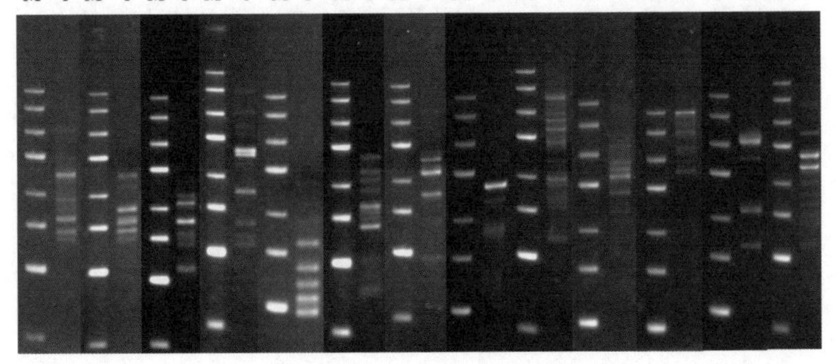

图 3–2　ZHCP1 电泳

叶背

叶面

枝条

花朵

果实

图 3–3　ZHCP1 形态特征

（二）ZHCP2

小乔木型，树高 6.0 m，树幅 3.0 m，最低分枝 0.67 m，基部干径 27.3 cm，胸部干径 16.4 cm，树姿半开张，分枝密度中等。嫩枝有茸毛。成熟叶绿色，椭圆形，叶长平均 10.48 cm，叶宽平均 4.52 cm，叶面积平均 33.16 cm^2。中叶类，叶脉 12 对，叶基楔形，叶面微隆起，叶身稍背卷，叶尖渐尖，叶缘平，叶齿锯齿形，叶背茸毛少，叶质中等。

图 3–4　ZHCP2 植株

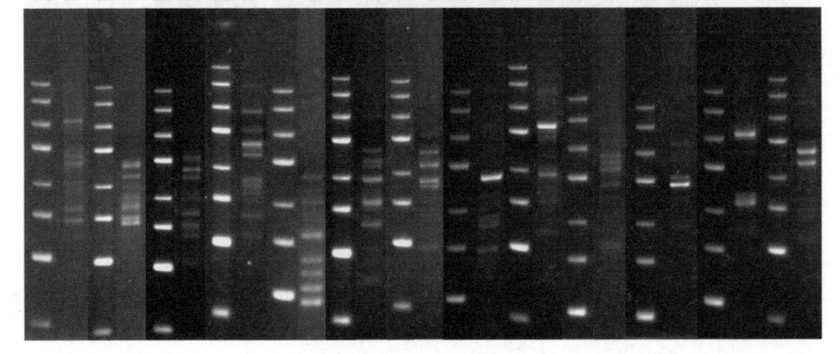

图 3–5　ZHCP2 电泳

叶背

叶面

枝条

花朵

果实

图 3-6　ZHCP2 形态特征

（三）ZHCP3

小乔木型，树高 5.0 m，树幅 6.0 m，最低分枝 0.90 m，基部干径 25.4 cm，胸部干径 17.9 cm，树姿半开张，分枝密度中等。嫩枝茸毛少。成熟叶绿色，椭圆形，叶长平均 10.06 cm，叶宽平均 4.22 cm，叶面积平均 29.72 cm^2。中叶类，叶脉 8 对，叶基楔形，叶面微隆起，叶身稍背卷，叶尖渐尖，叶缘平，叶齿锯齿形，叶背茸毛少，叶质中等。

图 3–7　ZHCP3 植株

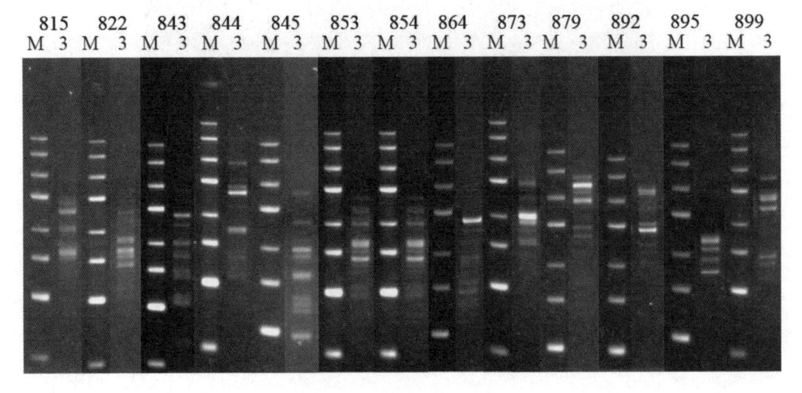

图 3–8　ZHCP3 电泳

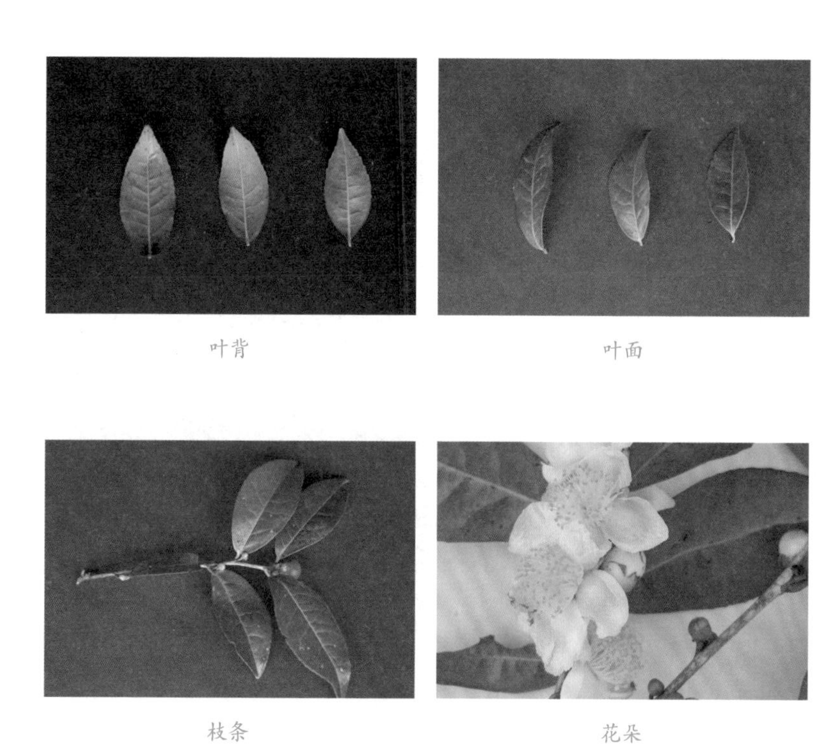

叶背　　叶面

枝条　　花朵

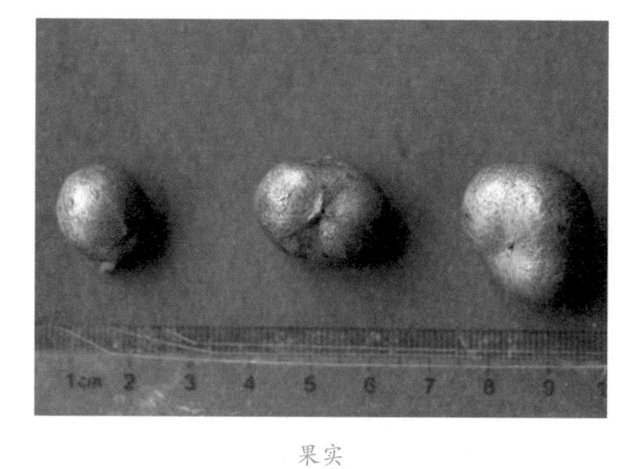

果实

图 3–9　ZHCP3 形态特征

（四）ZHCP4

小乔木型，树高 4.0 m，树幅 3.5 m，最低分枝 0.28 m，基部干径 18.1 cm，胸部干径 17.4 cm，树姿半开张，分枝密度中等。嫩枝茸毛少。成熟叶绿色，椭圆形，叶长平均 10.28 cm，叶宽平均 4.76 cm，叶面积平均 34.25 cm^2。中叶类，叶脉 12 对，叶基楔形，叶面微隆起，叶身平，叶尖渐尖，叶缘平，叶齿浅锯齿形，叶背茸毛少，叶质中等。

图 3-10　ZHCP4 植株

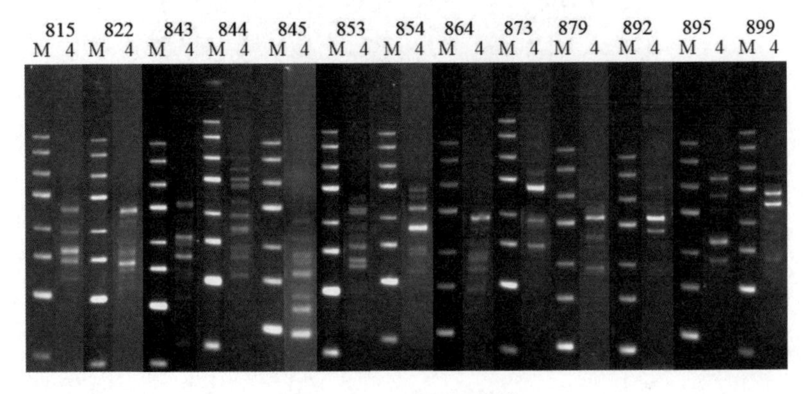

图 3-11　ZHCP4 电泳

叶背

叶面

枝条

花朵

图 3-12　ZHCP4 形态特征

（五）ZHCM1

小乔木型，树高 9.0 m，树幅 6.0 m，最低分枝 1.50 m，基部干径 35.0 cm，胸部干径 28.5 cm，树姿半开张，分枝密度中等。嫩枝茸毛少。成熟叶绿色，披针形，叶长平均 15.56 cm，叶宽平均 4.82 cm，叶面积平均 52.50 cm^2。大叶类，叶脉 12 对，叶基楔形，叶面微隆起，叶身内折，叶尖渐尖，叶缘平，叶齿锯齿形，叶背茸毛少，叶质中等。

图 3–13　ZHCM1 植株

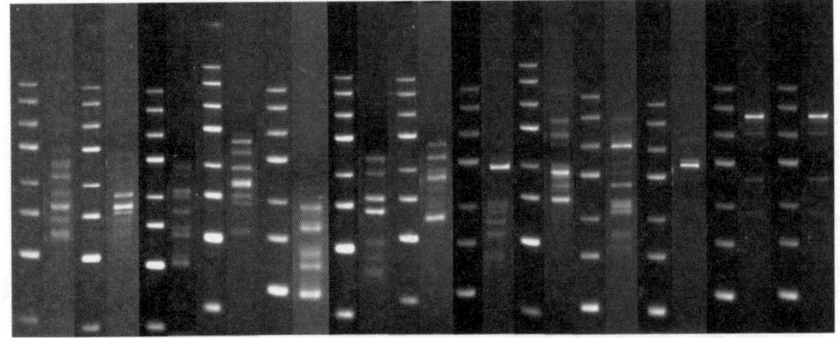

图 3–14　ZHCM1 电泳

叶背

叶面

芽

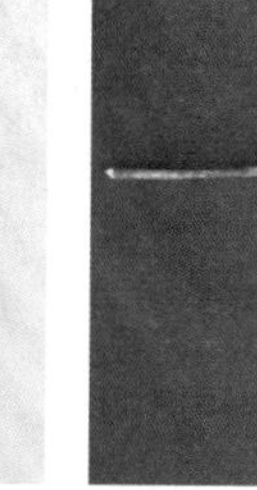

枝条

花朵

果实

图 3–15　ZHCM1 形态特征

（六）ZHCM2

小乔木型，树高 6.0 m，树幅 5.0 m，最低分枝 0.50 m，基部干径 28.5 cm，胸部干径 14.6 cm，树姿半开张，分枝密度中等。嫩枝茸毛少。成熟叶绿色，长椭圆形，叶长平均 11.36 cm，叶宽平均 4.33 cm，叶面积平均 34.43 cm^2。中叶类，叶脉 13 对，叶基楔形，叶面微隆起，叶身内折，叶尖渐尖，叶缘平，叶齿锯齿形，叶背茸毛少，叶质硬。

图 3–16　ZHCM2 植株

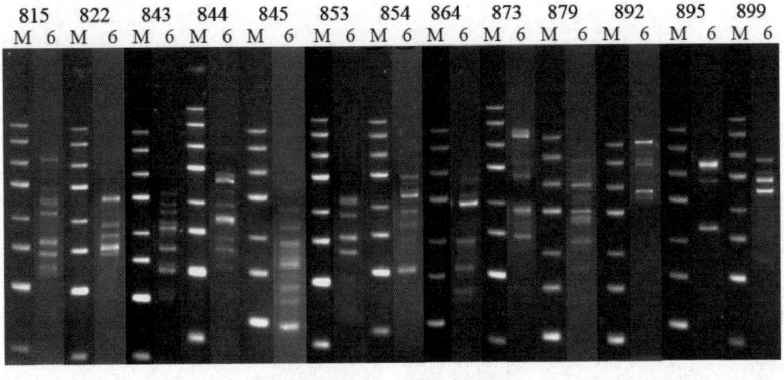

图 3–17　ZHCM2 电泳

叶背

叶面

芽

枝条

图 3–18 ZHCM2 形态特征

（七）ZHCM3

小乔木型，树高 5.0 m，树幅 3.5 m，最低分枝 0.60 m，基部干径 21.5 cm，胸部干径 9.6 cm，树姿半开张，分枝密度中等。嫩枝茸毛少。成熟叶绿色，披针形，叶长平均 14.60 cm，叶宽平均 4.45 cm，叶面积平均 45.48 cm^2。大叶类，叶脉 11 对，叶基楔形，叶面平，叶身平，叶尖渐尖，叶缘平，叶齿浅锯齿形，叶背茸毛少，叶质中等。

图 3–19　ZHCM3 植株

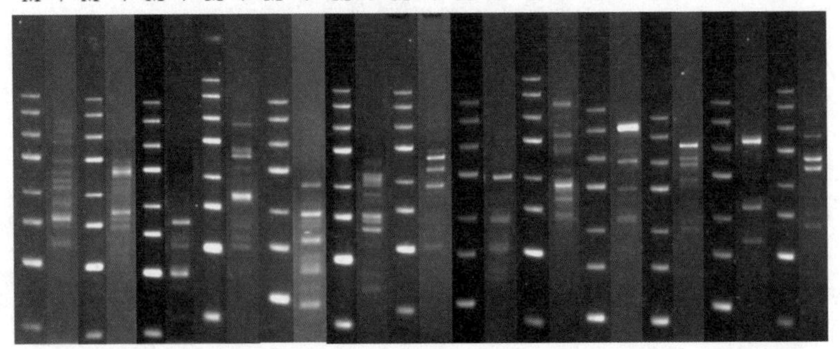

图 3–20　ZHCM3 电泳

叶背

叶面

芽

枝条

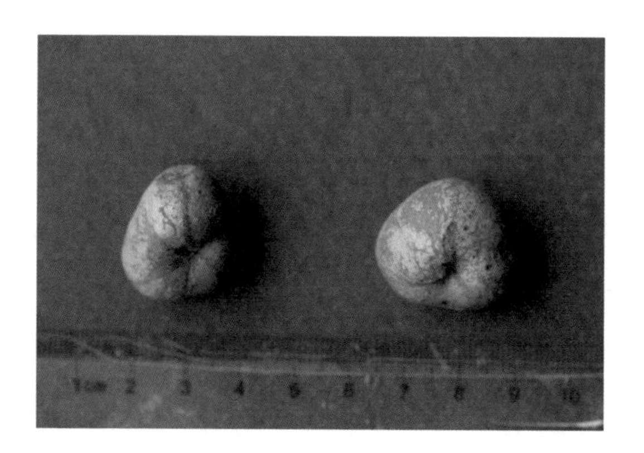

果实

图 3-21　ZHCM3 形态特征

（八）ZHCM4

灌木型，树高5.0 m，树幅5.0 m，最低分枝0 m，基部干径10.2 cm，胸部干径7.5 cm，树姿开张，分枝密度中等。嫩枝茸毛少。成熟叶绿色，长椭圆形，叶长平均7.16 cm，叶宽平均2.85 cm，叶面积平均14.28 cm^2。小叶类，叶脉11对，叶基楔形，叶面平，叶身内折，叶尖渐尖，叶缘平，叶齿锯齿形，叶背茸毛少，叶质中等。

图3–22　ZHCM4植株

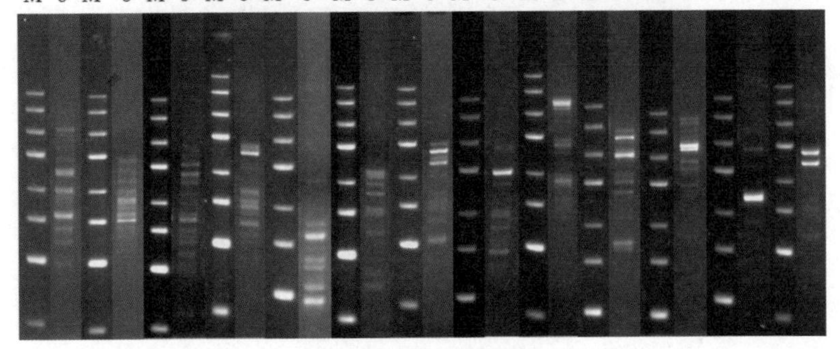

图3–23　ZHCM4电泳

叶背

叶面

芽

枝条

果实

图 3–24　ZHCM4 形态特征

（九）ZHCM5

灌木型，树高 5.5 m，树幅 5.0 m，最低分枝 0 m，基部干径 7.9 cm，胸部干径 4.7 cm，树姿开张，分枝密度中等。嫩枝茸毛少。成熟叶绿色，长椭圆形，叶长平均 9.46 cm，叶宽平均 3.38 cm，叶面积平均 22.38 cm^2。中叶类，叶脉 10 对，叶基楔形，叶面微隆起，叶身稍背卷，叶尖渐尖，叶缘微波，叶齿锯齿形，叶背茸毛少，叶质中等。

图 3–25　ZHCM5 植株

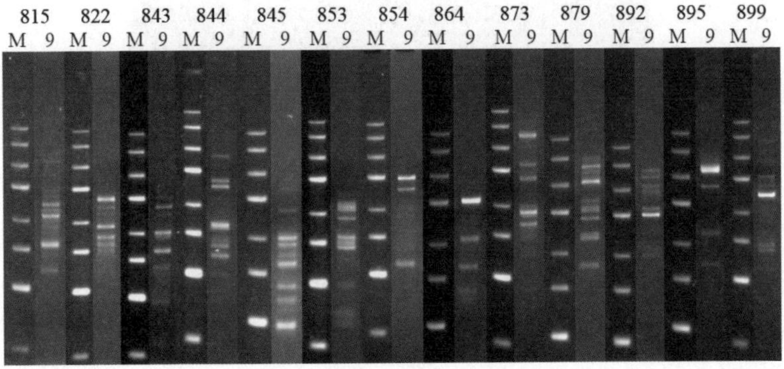

815 822 843 844 845 853 854 864 873 879 892 895 899
M 9 M 9 M 9 M 9 M 9 M 9 M 9 M 9 M 9 M 9 M 9 M 9 M 9

图 3–26　ZHCM5 电泳

叶背

叶面

芽

枝条

果实

图 3-27　ZHCM5 形态特征

（十）ZHCM6

小乔木型，树高 5.5 m，树幅 5.0 m，最低分枝 0.15 m，基部干径 20.5 cm，胸部干径 8.6 cm，树姿半开张，分枝密度中等。嫩枝无茸毛。成熟叶绿色，长椭圆形，叶长平均 9.35 cm，叶宽平均 3.18 cm，叶面积平均 20.81 cm^2。中叶类，叶脉 10 对，叶基楔形，叶面平，叶身内折，叶尖渐尖，叶缘平，叶齿锯齿形，叶背茸毛少，叶质中等。

图 3–28　ZHCM6 植株

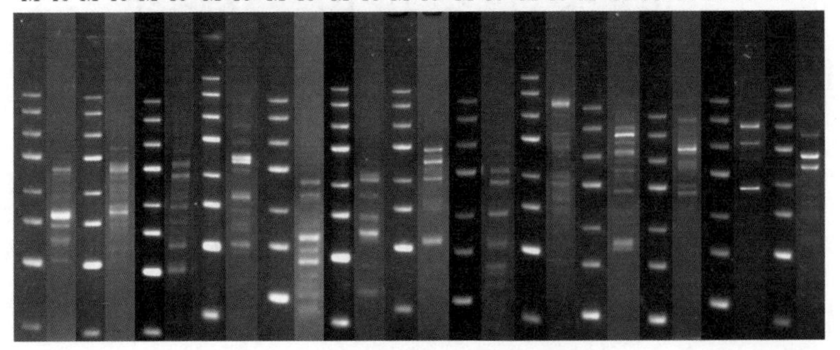

图 3–29　ZHCM6 电泳

叶背

叶面

芽

枝条

果实

图 3–30　ZHCM6 形态特征

（十一）ZHHZ1

小乔木型，树高 4.0 m，树幅 5.0 m，最低分枝 0.15 m，基部干径 25.2 cm，胸部干径 26.1 cm，树姿半开张，分枝密度大。嫩枝有茸毛。成熟叶绿色，长椭圆形，叶长平均 14.06 cm，叶宽平均 4.80 cm，叶面积平均 47.24 cm^2。大叶类，叶脉 11 对，叶基楔形，叶面微隆起，叶身内折，叶尖渐尖，叶缘微波，叶齿锯齿形，叶背无茸毛，叶质硬。

图 3-31　ZHHZ1 植株

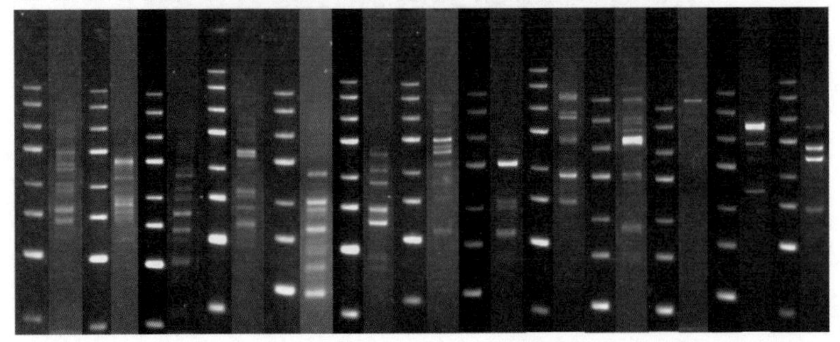

图 3-32　ZHHZ1 电泳

叶背

叶面

芽

枝条

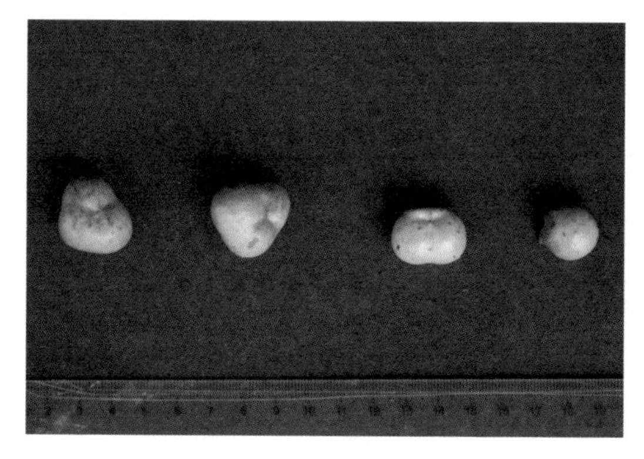

果实

图 3-33 ZHHZ1 形态特征

（十二）ZHHZ2

小乔木型，树高 4.5 m，树幅 5.0 m，最低分枝 0.74 m，基部干径 23.6 cm，胸部干径 29.0 cm，树姿半开张，分枝密度中等。嫩枝茸毛少。成熟叶绿色，披针形，叶长平均 14.96 cm，叶宽平均 4.78 cm，叶面积平均 50.06 cm²。大叶类，叶脉 11 对，叶基楔形，叶面微隆起，叶身内折，叶尖渐尖，叶缘微波，叶齿锯齿形，叶背无茸毛，叶质中等。

图 3-34　ZHHZ2 植株

815 822 843 844 845 853 854 864 873 879 892 895 899
M 12 M 12 M 12 M 12 M 12 M 12 M 12 M 12 M 12 M 12 M 12 M 12 M 12

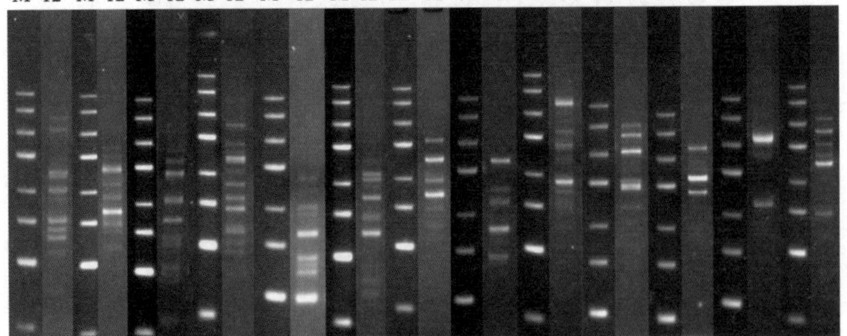

图 3-35　ZHHZ2 电泳

叶背

叶面

芽

枝条

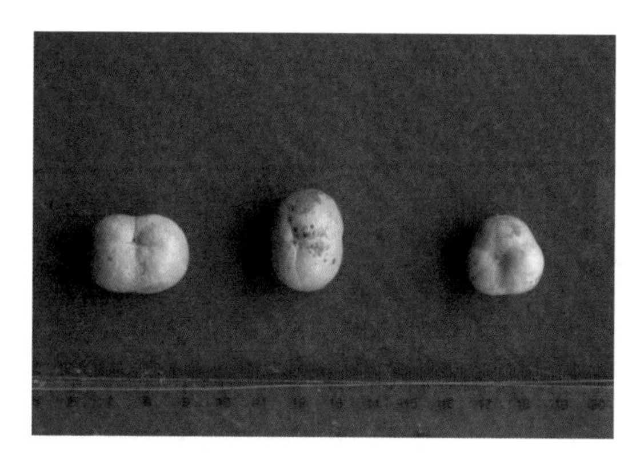

果实

图 3–36　ZHHZ2 形态特征

（十三）ZHHZ3

小乔木型，树高 4.5 m，树幅 4.0 m，最低分枝 0.40 m，基部干径 20.1 cm，胸部干径 18.8 cm，树姿半开张，分枝密度大。嫩枝无茸毛。成熟叶深绿色，披针形，叶长平均 15.10 cm，叶宽平均 4.76 cm，叶面积平均 50.31 cm^2。大叶类，叶脉 11 对，叶基楔形，叶面平，叶身内折，叶尖渐尖，叶缘微波，叶齿锯齿形，叶背无茸毛，叶质中等。

图 3-37　ZHHZ3 植株

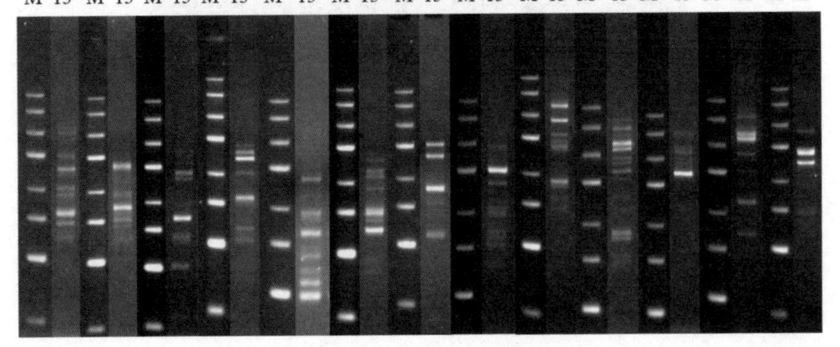

图 3-38　ZHHZ3 电泳

叶背

叶面

芽

枝条

图 3-39　ZHHZ3 形态特征

（十四）ZHHZ4

乔木型，树高 5.0 m，树幅 5.0 m，最低分枝 0.55 m，基部干径 20.7 cm，胸部干径 19.9 cm，树姿半开张，分枝密度大。嫩枝茸毛少。成熟叶绿色，披针形，叶长平均 15.32 cm，叶宽平均 4.80 cm，叶面积平均 51.48 cm^2。大叶类，叶脉 10 对，叶基楔形，叶面微隆起，叶身平，叶尖渐尖，叶缘平，叶齿浅锯齿形，叶背无茸毛，叶质中等。

图 3–40　ZHHZ4 植株

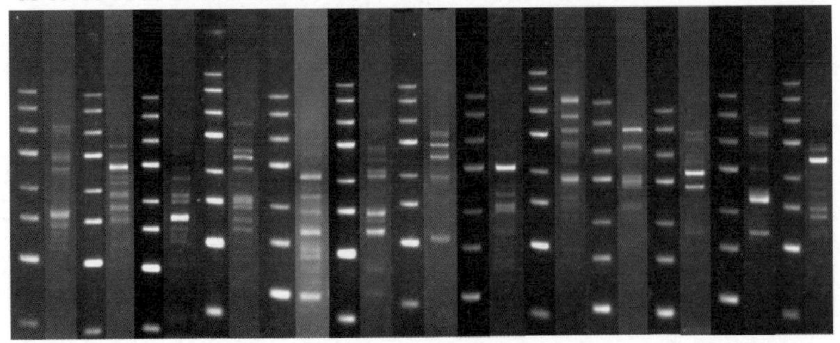

图 3–41　ZHHZ4 电泳

叶背

叶面

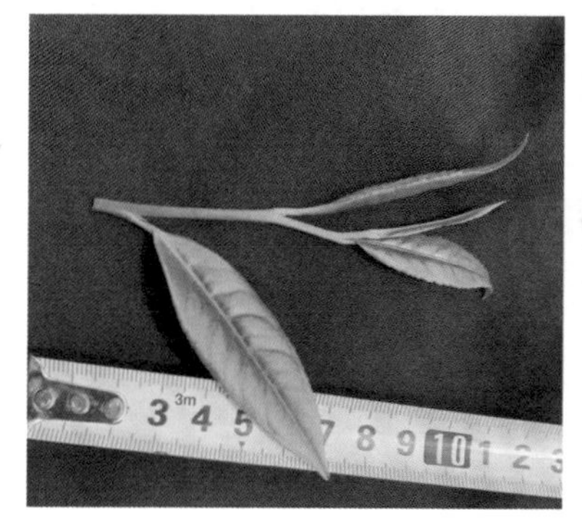

芽

枝条

图 3-42　ZHHZ4 形态特征

（十五）ZHHZ5

小乔木型，树高 2.0 m，树幅 1.5 m，最低分枝 0.22 m，基部干径 2.0 cm，胸部干径 1.5 cm，树姿半开张，分枝密度中等。嫩枝有茸毛。成熟叶绿色，披针形，叶长平均 11.98 cm，叶宽平均 3.96 cm，叶面积平均 33.21 cm^2。中叶类，叶脉 14 对，叶基楔形，叶面微隆起，叶身内折，叶尖渐尖，叶缘平，叶齿锯齿形，叶背无茸毛，叶质中等。

图 3–43　ZHHZ5 植株

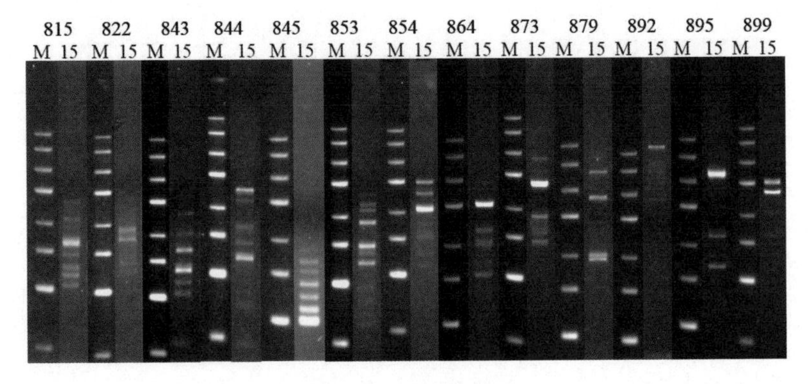

图 3–44　ZHHZ5 电泳

叶面

枝条

芽

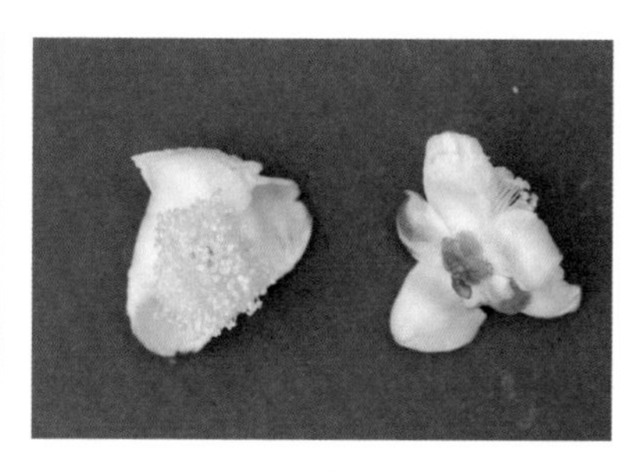

花

图 3-45　ZHHZ5 形态特征

（十六）LSL1

小乔木型，树高 4.5 m，树幅 3.5 m，最低分枝 1.45 m，基部干径 4.6 cm，胸部干径 2.8 cm，树姿半开张，分枝密度中等。嫩枝有茸毛。成熟叶绿色，椭圆形，叶长平均 14.40 cm，叶宽平均 6.00 cm，叶面积平均 60.48 cm^2。特大叶类，叶脉 10 对，叶基楔形，叶面平，叶身稍背卷，叶尖渐尖，叶缘平，叶齿锯齿形，叶背茸毛少，叶质中等。

图 3–46　LSL1 植株

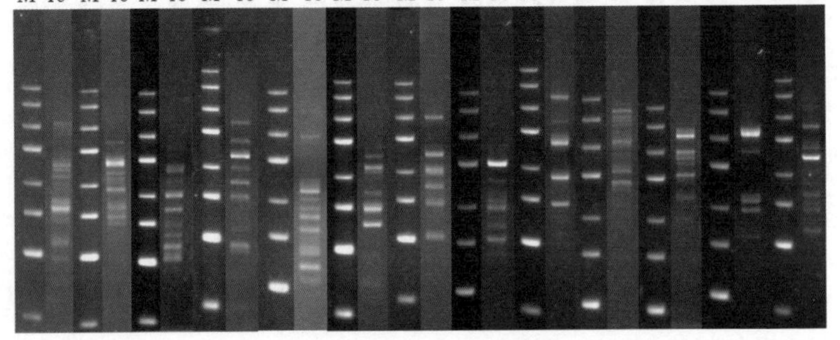

图 3–47　LSL1 电泳

叶背

叶面

枝条

图 3-48　LSL1 形态特征

（十七）LLX1

图 3–49　LLX1 植株

乔木型，树高 3.5 m，树幅 3.0 m，最低分枝 0.58 m，基部干径 38.2 cm，胸部干径 15.0 cm，树姿直立，分枝密度中等。嫩枝茸毛少。成熟叶绿色，披针形，叶长平均 13.46 cm，叶宽平均 3.98 cm，叶面积平均 37.50 cm^2。中叶类，叶脉 10 对，叶基楔形，叶面平，叶身内折，叶尖渐尖，叶缘平，叶齿锯齿形，叶背无茸毛，叶质中等。

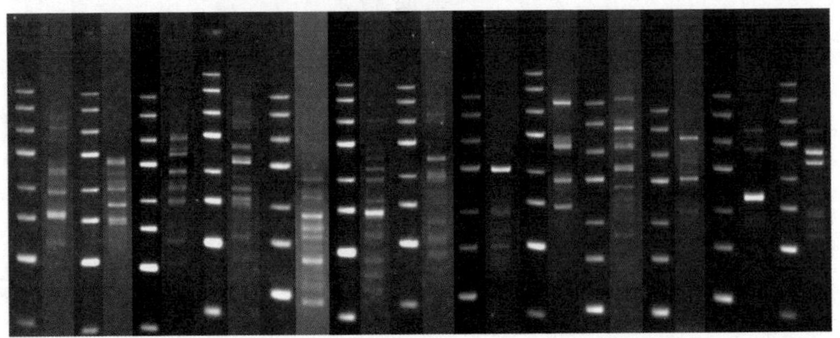

图 3–50　LLX1 电泳

叶背

叶面

枝条

图 3-51　LLX1 形态特征

（十八）LLX2

小乔木型，树高 5.0 m，树幅 2.5 m，最低分枝 0.46 m，基部干径 18.8 cm，胸部干径 17.1 cm，树姿半开张，分枝密度中等。嫩枝有茸毛。成熟叶绿色，披针形，叶长平均 13.28 cm，叶宽平均 3.66 cm，叶面积平均 34.02 cm^2。中叶类，叶脉 11 对，叶基楔形，叶面平，叶身内折，叶尖渐尖，叶缘平，叶齿锯齿形，叶背茸毛少，叶质中等。

图 3–52　LLX2 植株

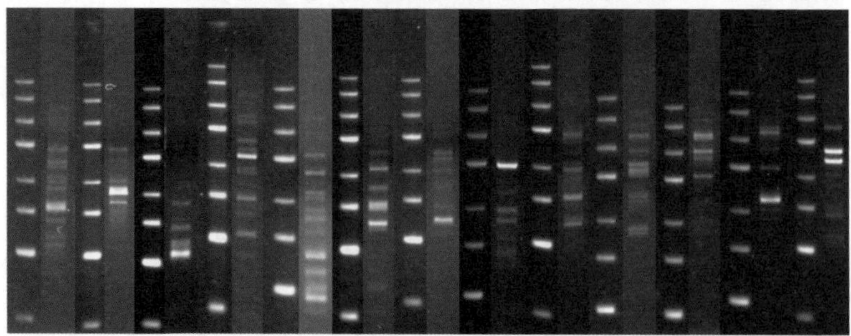

图 3–53　LLX2 电泳

叶背

叶面

芽

枝条

图 3-54　LLX2 形态特征

（十九）LLX3

小乔木型，树高 5.0 m，树幅 1.5 m，最低分枝 0.27 m，基部干径 19.1 cm，胸部干径 18.5 cm，树姿直立，分枝密度中等。嫩枝有茸毛。成熟叶绿色，长椭圆形，叶长平均 12.26 cm，叶宽平均 4.26 cm，叶面积平均 36.56 cm^2。中叶类，叶脉 8 对，叶基楔形，叶面微隆起，叶身内折，叶尖渐尖，叶缘微波，叶齿锯齿形，叶背茸毛少，叶质中等。

图 3–55　LLX3 植株

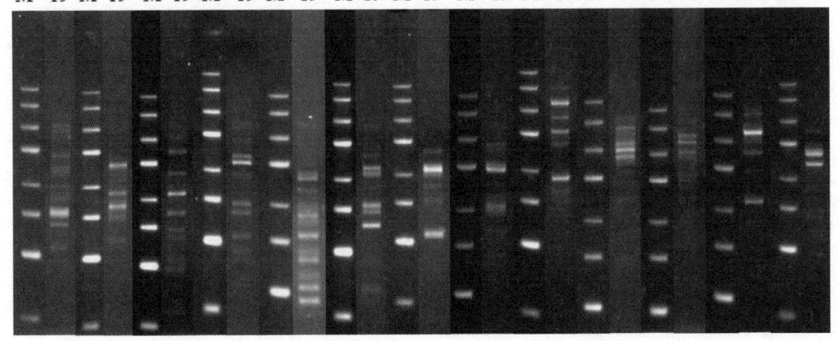

图 3–56　LLX3 电泳

叶背

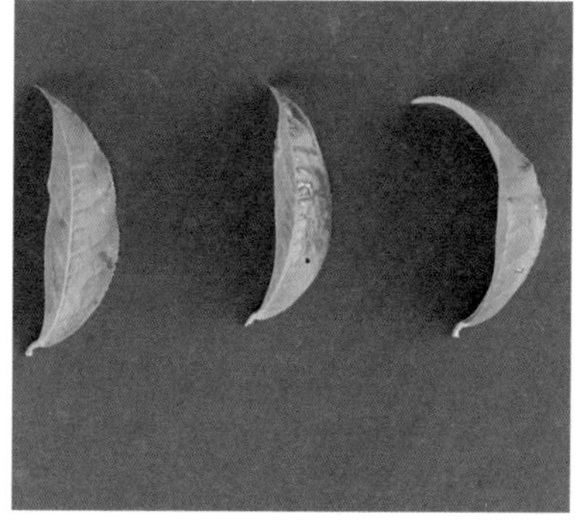

叶面

芽

枝条

图 3-57　LLX3 形态特征

（二十）LLX4

乔木型，树高 4.5 m，树幅 4.0 m，最低分枝 0.27 m，基部干径 22.6 cm，胸部干径 21.7 cm，树姿直立，分枝密度中等。嫩枝有茸毛。成熟叶深绿色，长椭圆形，叶长平均 12.72 cm，叶宽平均 4.92 cm，叶面积平均 43.81 cm^2。大叶类，叶脉 8 对，叶基楔形，叶面微隆起，叶身内折，叶尖钝尖，叶缘微波，叶齿锯齿形，叶背茸毛少，叶质中等。

图 3–58　LLX4 植株

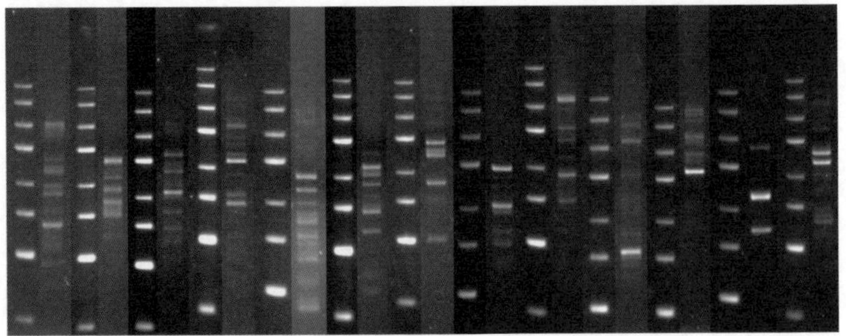

图 3–59　LLX4 电泳

叶背

叶面

芽

枝条

图 3-60　LLX4 形态特征

（二十一）LLX5

小乔木型，树高 5.5 m，树 幅 4.5 m，最 低 分 枝 0.58 m，基部干径 28.3 cm，胸部干径 28.0 cm，树姿半开张，分枝密度中等。嫩枝茸毛少。成熟叶绿色，椭圆形，叶长平均 11.56 cm，叶宽平均 4.92 cm，叶面积平均 39.81 cm^2。中叶类，叶脉 8 对，叶基楔形，叶面平，叶身内折，叶尖渐尖，叶缘微波，叶齿浅锯齿形，叶背茸毛少，叶质硬。

图 3–61　LLX5 植株

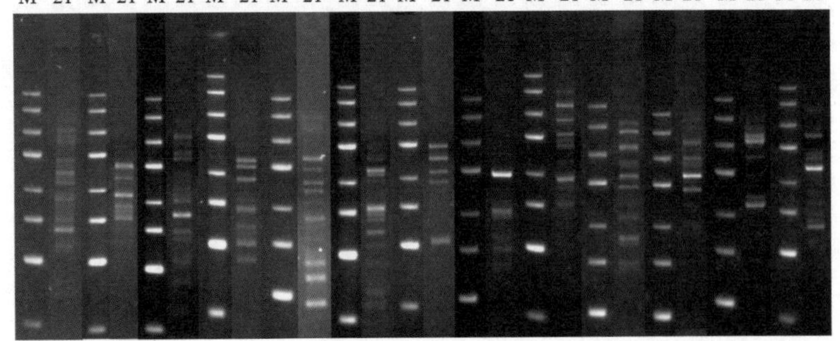

图 3–62　LLX5 电泳

叶背

叶面

芽

枝条

花朵

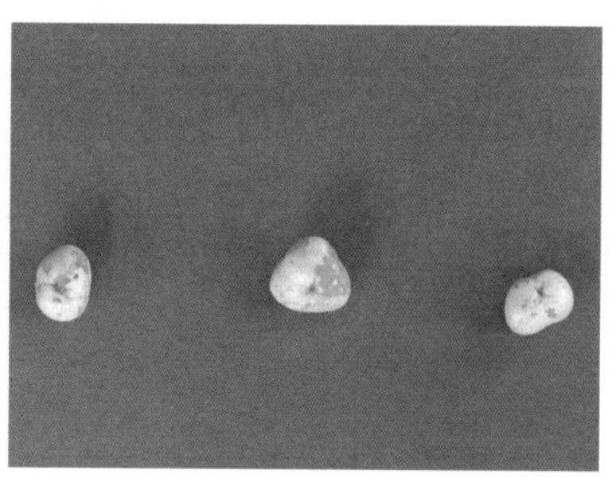

果实

图 3–63　LLX5 形态特征

（二十二）LLH1

小乔木型，树高 6.0 m，树幅 3.5 m，最低分枝 0 m，基部干径 28.9 cm，胸部干径 16.5 cm，树姿半开张，分枝密度小。嫩枝有茸毛。成熟叶绿色，长椭圆形，叶长平均 16.42 cm，叶宽平均 5.78 cm，叶面积平均 66.44 cm^2。特大叶类，叶脉 12 对，叶基楔形，叶面隆起，叶身内折，叶尖渐尖，叶缘平，叶齿锯齿形，叶背茸毛少，叶质中等。

图 3–64　LLH1 植株

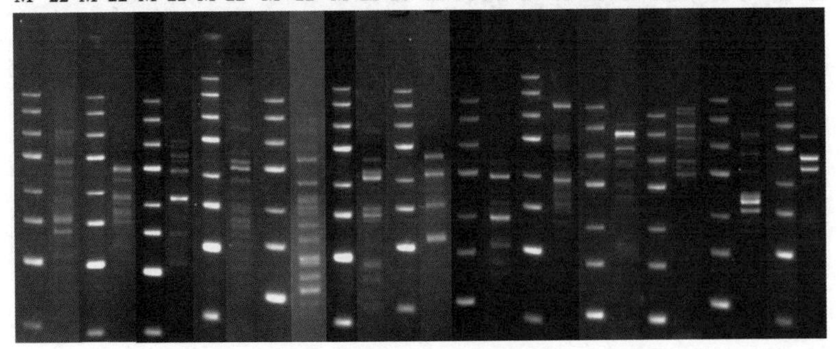

图 3–65　LLH1 电泳

叶背

叶面

枝条

图 3-66 LLH1 形态特征

（二十三）LLH2

乔木型，树高 5.5 m，树幅 3.0 m，最低分枝 0.53 m，基部干径 20.0 cm，胸部干径 15.2 cm，树姿半开张，分枝密度中等。嫩枝有茸毛。成熟叶绿色，近圆形，叶长平均 10.74 cm，叶宽平均 5.32 cm，叶面积平均 40.00 cm^2。大叶类，叶脉 8 对，叶基楔形，叶面微隆起，叶身内折，叶尖渐尖，叶缘平，叶齿锯齿形，叶背茸毛少，叶质中等。

图 3–67　LLH2 植株

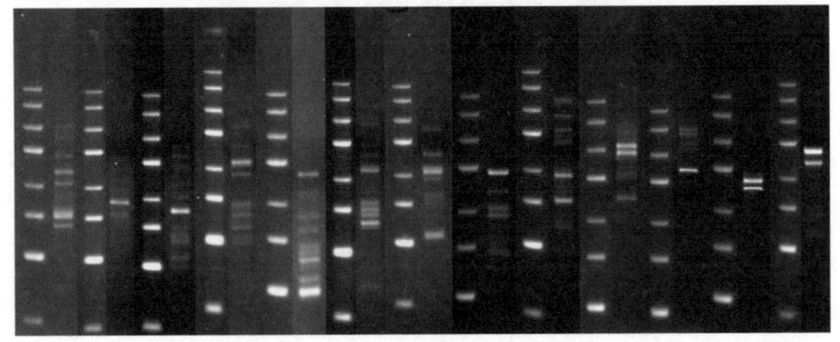

图 3–68　LLH2 电泳

叶背　　叶面

枝条　　花朵

图 3-69　LLH2 形态特征

（二十四）LLH3

小乔木型，树高 5.0 m，树幅 5.0 m，最低分枝 0.66 m，基部干径 70.0 cm，胸部干径 22.2 cm，树姿半开张，分枝密度中等。嫩枝有茸毛。成熟叶绿色，椭圆形，叶长平均 12.90 cm，叶宽平均 5.36 cm，叶面积平均 48.40 cm^2。大叶类，叶脉 9 对，叶基楔形，叶面微隆起，叶身内折，叶尖渐尖，叶缘平，叶齿锯齿形，叶背茸毛少，叶质中等。

图 3–70　LLH3 植株

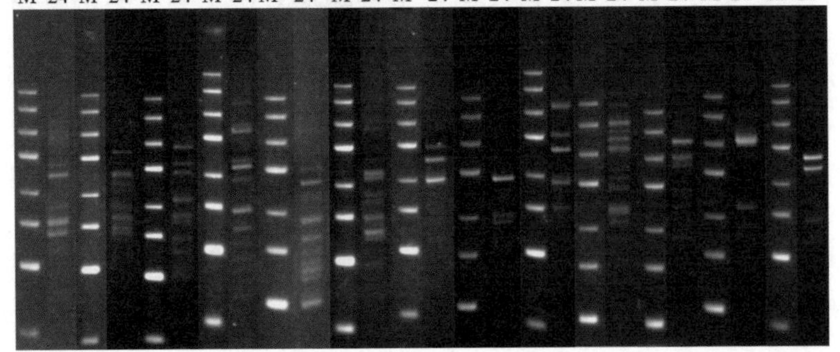

图 3–71　LLH3 电泳

叶背

叶面

枝条

花朵

果实

图 3-72　LLH3 形态特征

（二十五）LLH4

乔木型，树高 6.0 m，树幅 3.0 m，最低分枝 0.62 m，基部干径 25.4 cm，胸部干径 21.5 cm，树姿半开张，分枝密度中等。嫩枝茸毛少。成熟叶绿色，长椭圆形，叶长平均 10.58 cm，叶宽平均 3.86 cm，叶面积平均 28.59 cm^2。中叶类，叶脉 8 对，叶基楔形，叶面平，叶身内折，叶尖渐尖，叶缘平，叶齿锯齿形，叶背无茸毛，叶质中等。

图 3–73　LLH4 植株

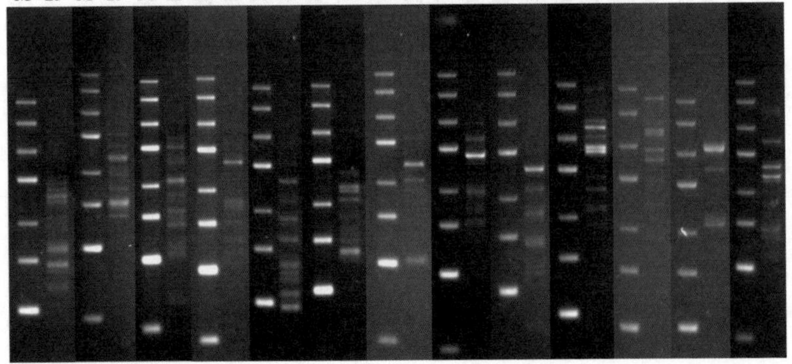

图 3–74　LLH4 电泳

叶背

叶面

芽

枝条

花朵

果实

图 3–75　LLH4 形态特征

（二十六）LJW1

小乔木型，树高 6.0 m，树幅 4.5 m，最低分枝 0.70 m，基部干径 19.1 cm，胸部干径 20.0 cm，树姿半开张，分枝密度中等。嫩枝有茸毛。成熟叶绿色，披针形，叶长平均 14.98 cm，叶宽平均 4.48 cm，叶面积平均 46.98 cm^2。大叶类，叶脉 10 对，叶基楔形，叶面隆起，叶身平，叶尖渐尖，叶缘平，叶齿锯齿形，叶背茸毛少，叶质中等。

图 3–76　LJW1 植株

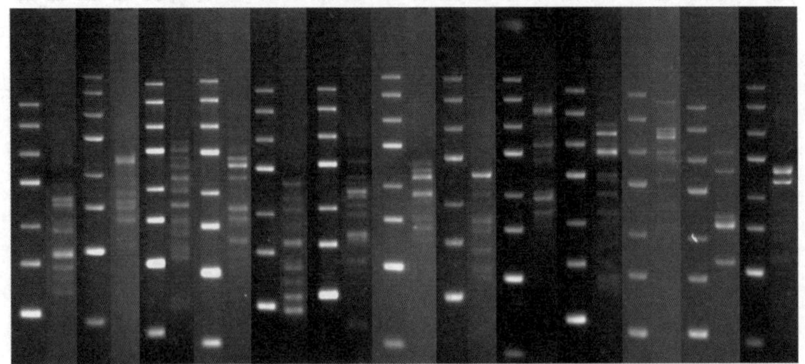

图 3–77　LJW1 电泳

叶背

叶面

枝条

果实

图 3-78　LJW1 形态特征

（二十七）LJW2

小乔木型，树高 5.5 m，树幅 6.0 m，最低分枝 0 m，基部干径 27.3 cm，胸部干径 10.2 cm，树姿半开张，分枝密度中等。嫩枝无茸毛。成熟叶绿色，长椭圆形，叶长平均 11.28 cm，叶宽平均 4.22 cm，叶面积平均 33.32 cm^2。中叶类，叶脉 9 对，叶基楔形，叶面微隆起，叶身内折，叶尖渐尖，叶缘平，叶齿锯齿形，叶背茸毛少，叶质硬。

图 3–79　LJW2 植株

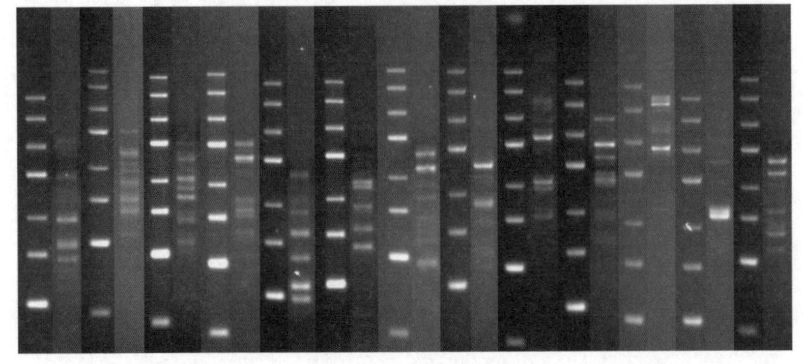

图 3–80　LJW2 电泳

叶背

叶面

芽

枝条

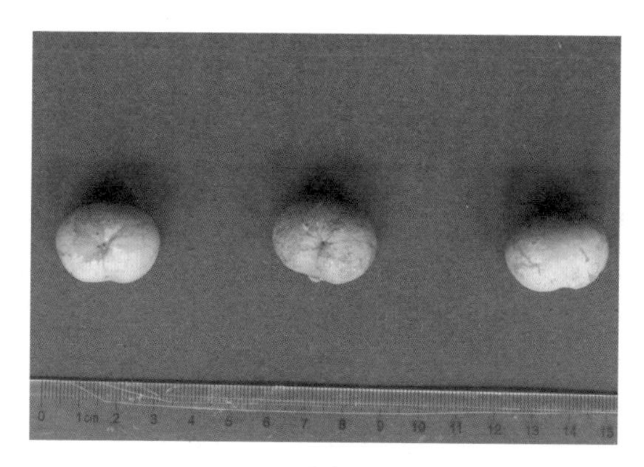

果实

图 3–81　LJW2 形态特征

（二十八）LJW3

小乔木型，树高7.0 m，树幅6.0 m，最低分枝0.40 m，基部干径35.9 cm，胸部干径32.5 cm，树姿半开张，分枝密度中等。嫩枝茸毛少。成熟叶绿色，长椭圆形，叶长平均14.08 cm，叶宽平均5.56 cm，叶面积平均54.80 cm^2。大叶类，叶脉10对，叶基楔形，叶面微隆起，叶身内折，叶尖渐尖，叶缘平，叶齿浅锯齿形，叶背茸毛少，叶质中等。

图 3–82　LJW3 植株

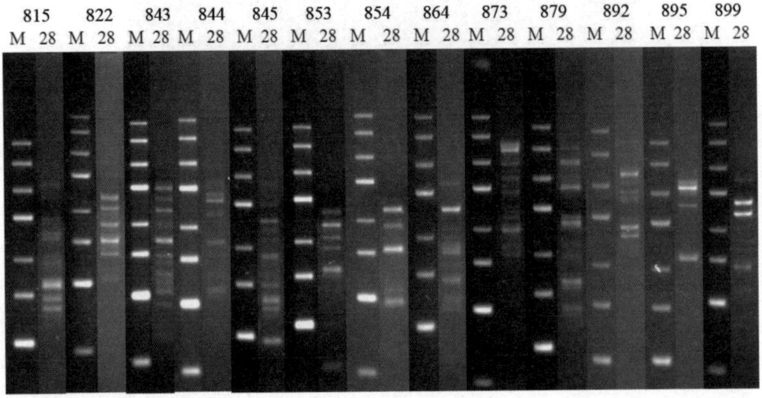

815 822 843 844 845 853 854 864 873 879 892 895 899
M 28 M 28 M 28 M 28 M 28 M 28 M 28 M 28 M 28 M 28 M 28 M 28 M 28

图 3–83　LJW3 电泳

叶背

叶面

枝条

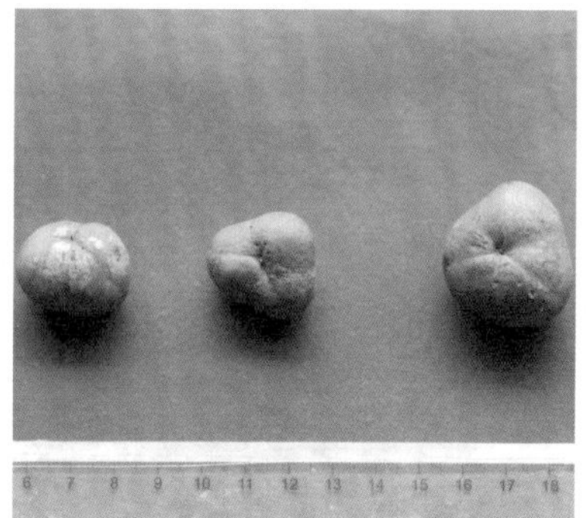

果实

图 3–84　LJW3 形态特征

（二十九）LJW4

小乔木型，树高 2.5 m，树幅 3.0 m，最低分枝 0.8 m，基部干径 30.5 cm，胸部干径 9.6 cm，树姿半开张，分枝密度中等。嫩枝有茸毛。成熟叶绿色，椭圆形，叶长平均 9.04 cm，叶宽平均 3.68 cm，叶面积平均 23.29 cm^2。中叶类，叶脉 8 对，叶基楔形，叶面微隆起，叶身内折，叶尖渐尖，叶缘微波，叶齿重锯齿形，叶背茸毛少，叶质硬。

图 3–85　LJW4 植株

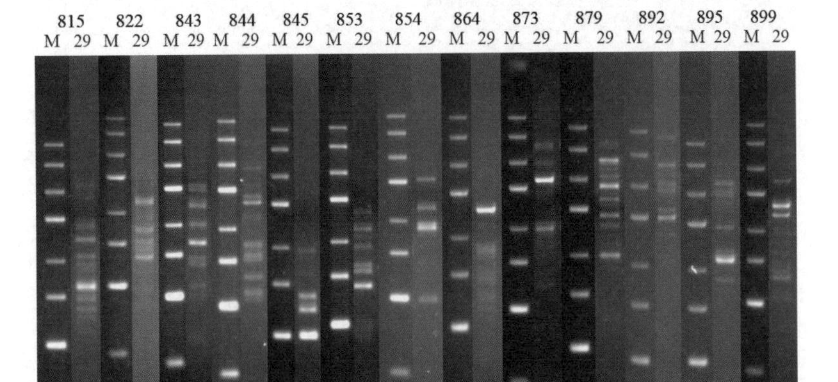

图 3–86　LJW4 电泳

叶背

叶面

芽

枝条

图 3-87　LJW4 形态特征

（三十）LJW5

小乔木型，树高 3.0 m，树幅 2.5 m，最低分枝 0 m，基部干径 15.9 cm，胸部干径 8.2 cm，树姿半开张，分枝密度中等。嫩枝茸毛少。成熟叶绿色，长椭圆形，叶长平均 14.34 cm，叶宽平均 5.48 cm，叶面积平均 55.01 cm^2。大叶类，叶脉 9 对，叶基楔形，叶面平，叶身内折，叶尖渐尖，叶缘平，叶齿锯齿形，叶背茸毛少，叶质中等。

图 3–88　LJW5 植株

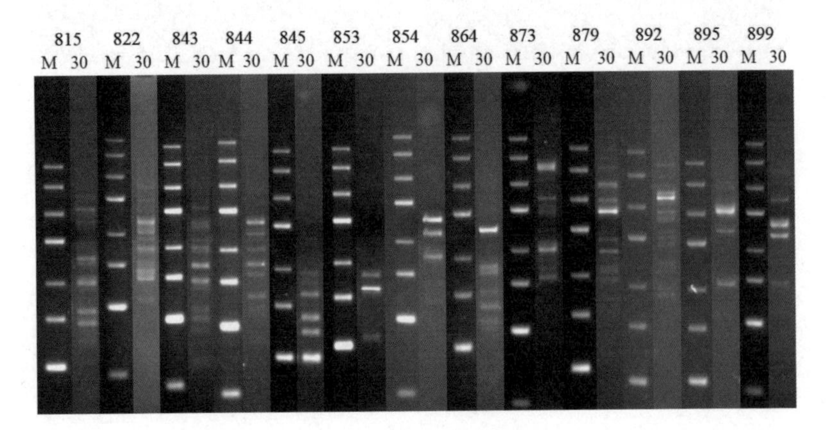

图 3–89　LJW5 电泳

叶背　叶面

芽　枝条

果实

图 3–90　LJW5 形态特征

（三十一）LLM1

乔木型，树高 2.5 m，树幅 1.5 m，最低分枝 1.30 m，基部干径 3.5 cm，胸部干径 2.0 cm，树姿半开张，分枝密度中等。嫩枝茸毛少。成熟叶浅绿色，长椭圆形，叶长平均 14.38 cm，叶宽平均 5.36 cm，叶面积平均 53.95 cm^2。大叶类，叶脉 10 对，叶基楔形，叶面微隆起，叶身稍背卷，叶尖渐尖，叶缘微波，叶齿重锯齿形，叶背茸毛少，叶质中等。

图 3–91　LLM1 植株

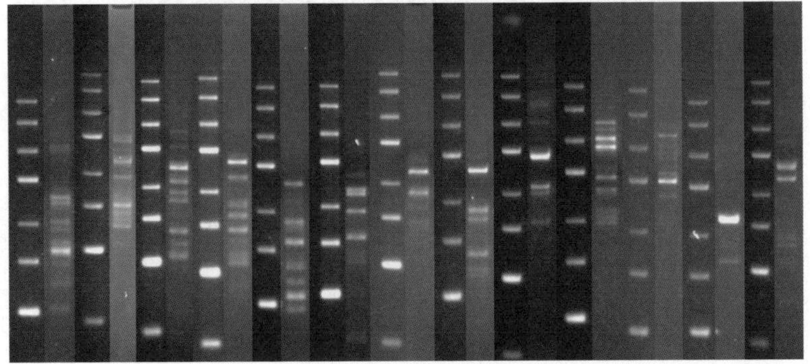

图 3–92　LLM1 电泳

叶背

叶面

枝条

图 3-93　LLM1 形态特征

（三十二）LLM2

小乔木型，树高 2.8 m，树幅 1.5 m，最低分枝 0.70 m，基部干径 5.1 cm，胸部干径 3.0 cm，树姿半开张，分枝密度小。嫩枝茸毛少。成熟叶绿色，长椭圆形，叶长平均 14.04 cm，叶宽平均 4.80 cm，叶面积平均 47.17 cm^2。大叶类，叶脉 10 对，叶基楔形，叶面平，叶身平，叶尖渐尖，叶缘平，叶齿浅锯齿形，叶背茸毛少，叶质硬。

图 3–94　LLM2 植株

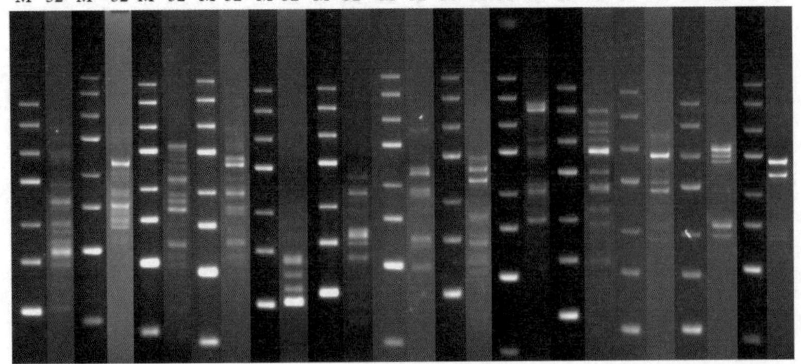

图 3–95　LLM2 电泳

叶背

叶面

枝条

花朵

图 3–96　LLM2 形态特征

（三十三）LLM3

小乔木型，树高 2.5 m，树幅 1.5 m，最低分枝 0.30 m，基部干径 5.3 cm，胸部干径 2.2 cm，树姿半开张，分枝密度小。嫩枝茸毛少。成熟叶绿色，披针形，叶长平均 12.56 cm，叶宽平均 3.64 cm，叶面积平均 32.00 cm^2。中叶类，叶脉 9 对，叶基楔形，叶面平，叶身内折，叶尖渐尖，叶缘平，叶齿锯齿形，叶背茸毛少，叶质硬。

图 3-97　LLM3 植株

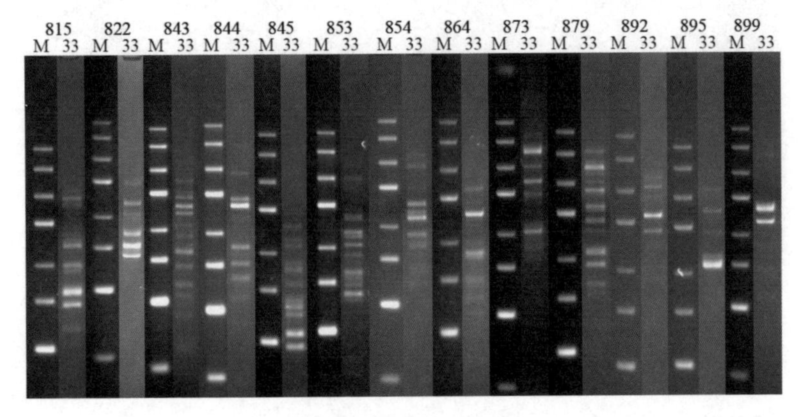

图 3-98　LLM3 电泳

叶背

叶面

枝条

花

图 3-99　LLM3 形态特征

（三十四）XHG1

小乔木型，树高 4.5 m，树幅 2.8 m，最低分枝 0.41 m，基部干径 11.0 cm，胸部干径 13.5 cm，树姿半开张，分枝密度中等。嫩枝有茸毛。成熟叶绿色，长椭圆形，叶长平均 11.90 cm，叶宽平均 4.06 cm，叶面积平均 33.82 cm^2。中叶类，叶脉 8 对，叶基楔形，叶面平，叶身平，叶尖渐尖，叶缘平，叶齿锯齿形，叶背无茸毛，叶质中等。

图 3-100　XHG1 植株

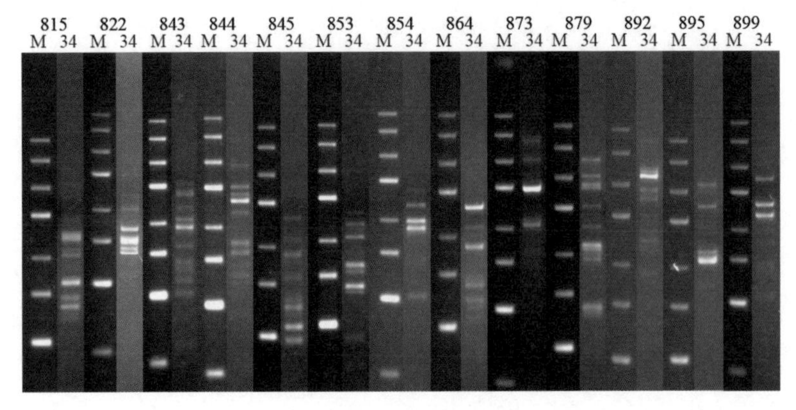

图 3-101　XHG1 电泳

叶背

叶面

芽

枝条

图 3–102　XHG1 形态特征

（三十五）XHG2

小乔木型，树高 5.2 m，树幅 2.85 m，最低分枝 2.29 m，基部干径 13.0 cm，胸部干径 13.0 cm，树姿半开张，分枝密度中等。嫩枝有茸毛。成熟叶绿色，长椭圆形，叶长平均 16.52 cm，叶宽平均 5.74 cm，叶面积平均 66.38 cm^2。特大叶类，叶脉 11 对，叶基楔形，叶面平，叶身平，叶尖渐尖，叶缘平，叶齿浅锯齿形，叶背无茸毛，叶质柔软。

图 3–103　XHG2 植株

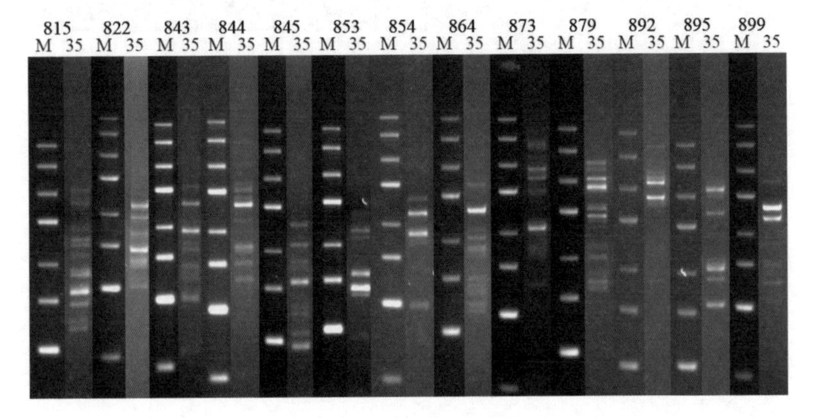

图 3–104　XHG2 电泳

叶背

叶面

枝条

图 3-105　XHG2 形态特征

（三十六）XHC1

小乔木型，树高 4.5 m，树幅 5.2 m，最低分枝 0.3 m，基部干径 13.0 cm，胸部干径 15.5 cm，树姿半开张，分枝密度中等。嫩枝有茸毛。成熟叶绿色，长椭圆形，叶长平均 16.38 cm，叶宽平均 5.60 cm，叶面积平均 64.21 cm^2。特大叶类，叶脉 10 对，叶基楔形，叶面微隆起，叶身平，叶尖渐尖，叶缘微波，叶齿锯齿形，叶背无茸毛，叶质柔软。

图 3–106　XHC1 植株

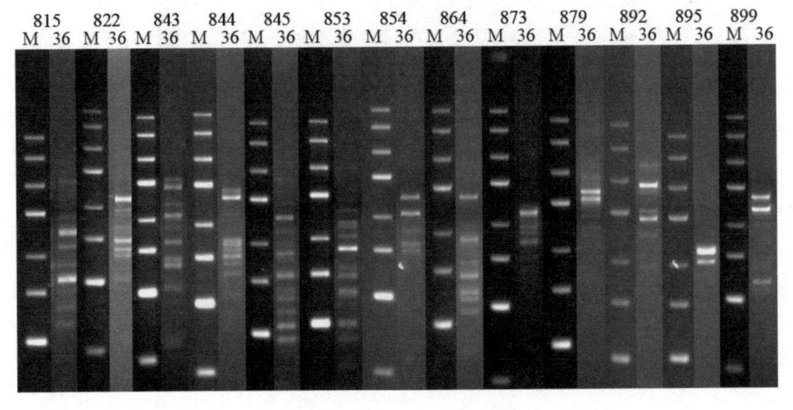

图 3–107　XHC1 电泳

叶背

叶面

枝条

图 3-108　XHC1 形态特征

（三十七）XHC2

乔木型，树高 4.51 m，树幅 3.8 m，最低分枝 1.29 m，基部干径 16.0 cm，胸部干径 22.0 cm，树姿半开张，分枝密度中等。嫩枝有茸毛。成熟叶绿色，长椭圆形，叶长平均 14.04 cm，叶宽平均 4.94 cm，叶面积平均 48.55 cm^2。大叶类，叶脉 9 对，叶基楔形，叶面平，叶身平，叶尖渐尖，叶缘微波，叶齿锯齿形，叶背无茸毛，叶质柔软。

图 3–109　XHC2 植株

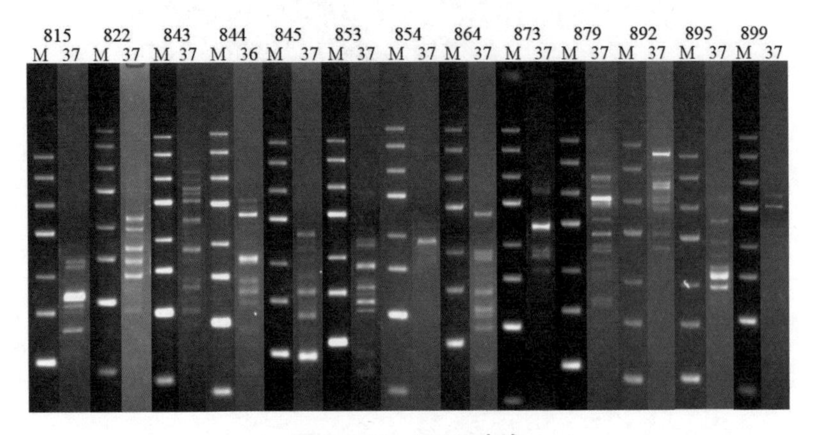

图 3–110　XHC2 电泳

叶背　　　　叶面

芽

枝条

图 3–111　XHC2 形态特征

（三十八）XHC3

小乔木型，树高 4.26 m，树幅 5.0 m，最低分枝 0.74 m，基部干径 15.0 cm，胸部干径 15.0 cm，树姿半开张，分枝密度中等。嫩枝无茸毛。成熟叶绿色，披针形，叶长平均 15.28 cm，叶宽平均 4.66 cm，叶面积平均 49.84 cm^2。大叶类，叶脉 10 对，叶基楔形，叶面平，叶身平，叶尖渐尖，叶缘平，叶齿锯齿形，叶背茸毛少，叶质柔软。

图 3-112　XHC3 植株

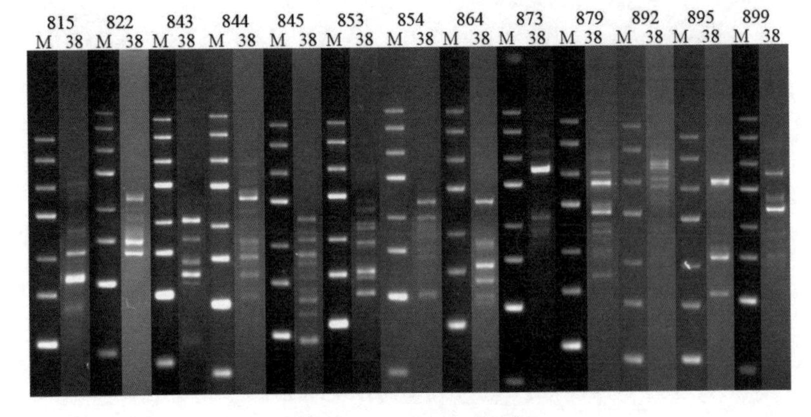

图 3-113　XHC3 电泳

叶背

叶面

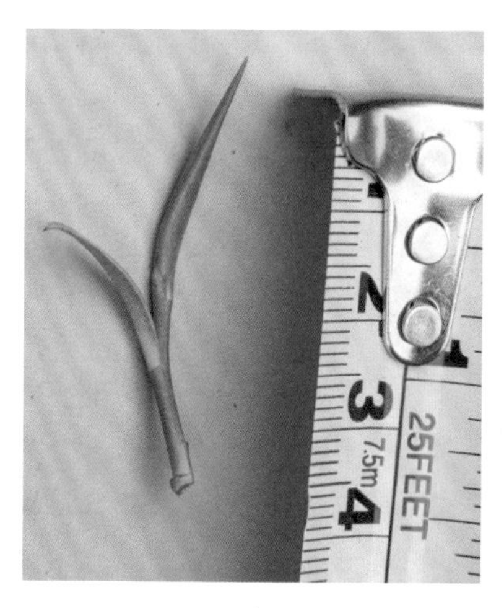

芽

枝条

图 3-114　XHC3 形态特征

（三十九）XHC4

小乔木型，树高 4.5 m，树幅 5.5 m，最低分枝 0.16 m，基部干径 36.3 cm，胸部干径 32.5 cm，树姿开张，分枝密度大。嫩枝有茸毛。成熟叶绿色，披针形，叶长平均 13.88 cm，叶宽平均 4.24 cm，叶面积平均 41.20 cm^2。大叶类，叶脉 13 对，叶基楔形，叶面平，叶身平，叶尖渐尖，叶缘平，叶齿锯齿形，叶背茸毛少，叶质中等。

图 3–115　XHC4 植株

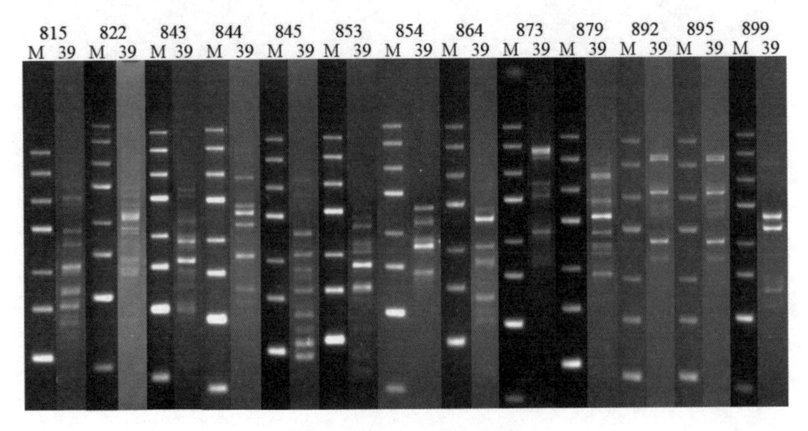

图 3–116　XHC4 电泳

叶背

叶面

枝条

花朵

图 3–117　XHC4 形态特征

（四十）XHY1

乔木型，树高 2.0 m，树幅 1.5 m，最低分枝 1.1 m，基部干径 21.0 cm，胸部干径 21.0 cm，树姿半开张，分枝密度小。嫩枝有茸毛。成熟叶绿色，长椭圆形，叶长平均 10.64 cm，叶宽平均 3.88 cm，叶面积平均 28.90 cm^2。中叶类，叶脉 11 对，叶基楔形，叶面微隆起，叶身平，叶尖渐尖，叶缘平，叶齿锯齿形，叶背茸毛少，叶质中等。

图 3–118　XHY1 植株

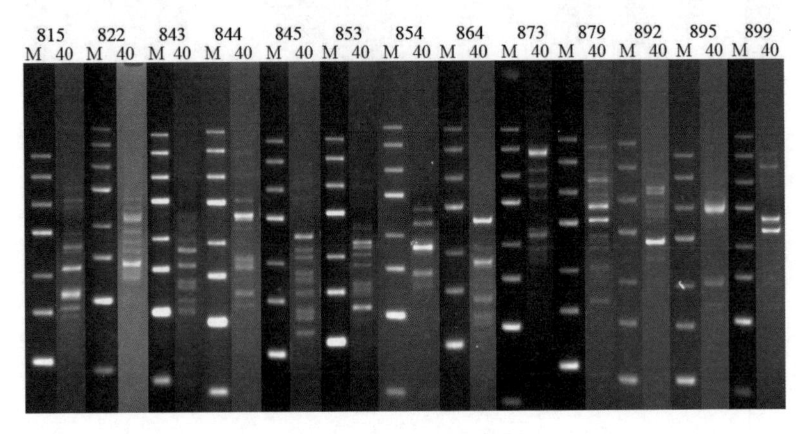

图 3–119　XHY1 电泳

叶面

枝条

花朵

图 3-120　XHY1 形态特征

（四十一）XHB

图 3-121　XHB 植株

小乔木型，树高 2.3 m，树幅 2.0 m，最低分枝 0.3 m，基部干径 5.0 cm，胸部干径 5.0 cm，树姿半开张，分枝密度中等。嫩枝无茸毛。成熟叶绿色，长椭圆形，叶长平均 14.06 cm，叶宽平均 4.90 cm，叶面积平均 48.23 cm^2。大叶类，叶脉 9 对，叶基楔形，叶面微隆起，叶身内折，叶尖渐尖，叶缘平或微波，叶齿锯齿形，叶背茸毛少，叶质中等。

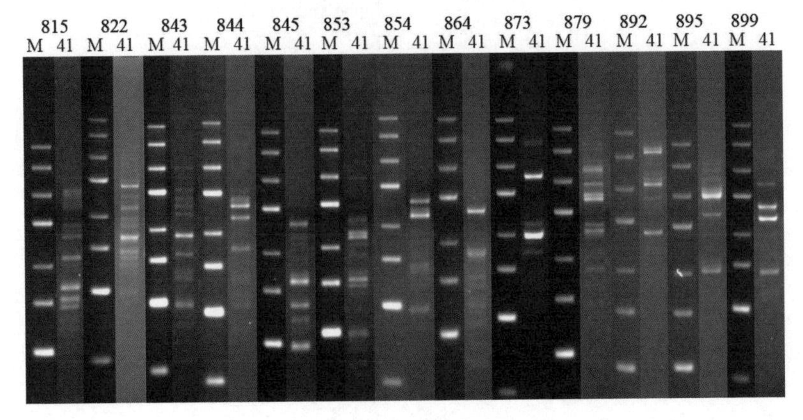

图 3-122　XHB 电泳

叶背

叶面

枝条

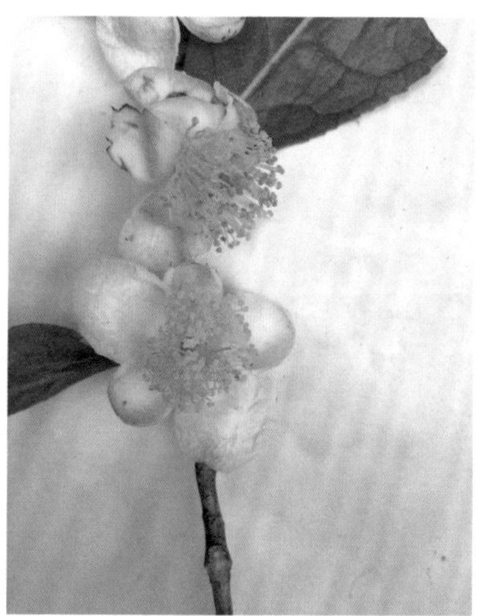

花朵

图 3-123　XHB 形态特征

（四十二）LLZ1

灌木型，树高1.5 m，树幅1.0 m，最低分枝0 m，基部干径4.0 cm，胸部干径2.0 cm，树姿开张，分枝密度中等。嫩枝有茸毛。成熟叶绿色，披针形，叶长平均10.30 cm，叶宽平均3.30 cm，叶面积平均23.79 cm^2。中叶类，叶脉9对，叶基楔形，叶面平，叶身平，叶尖渐尖，叶缘平，叶齿锯齿形，叶背茸毛少，叶质中等。

图 3–124　LLZ1 植株

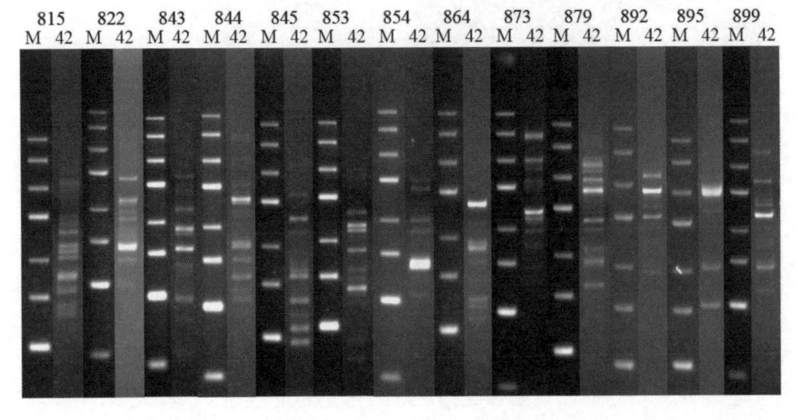

图 3–125　LLZ1 电泳

叶背

叶面

枝条

花

图 3-126　LLZ1 形态特征

（四十三）JSL2

小乔木型，树高 1.8 m，树幅 1.2 m，最低分枝 0.6 m，基部干径 3.0 cm，胸部干径 1.5 cm，树姿半开张，分枝密度小。嫩枝无茸毛。成熟叶绿色，长椭圆形，叶长平均 8.90 cm，叶宽平均 3.22 cm，叶面积平均 20.06 cm^2。中叶类，叶脉 10 对，叶基楔形，叶面微隆起，叶身内折，叶尖渐尖，叶缘平，叶齿锯齿形，叶背无茸毛，叶质硬。

图 3-127　JSL2 植株

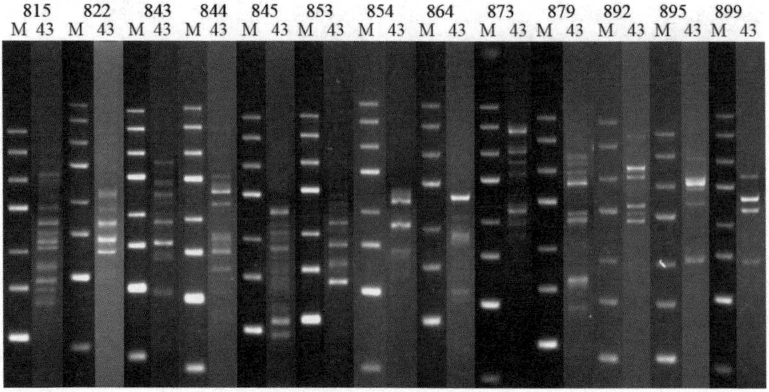

815 822 843 844 845 853 854 864 873 879 892 895 899
M 43 M 43 M 43 M 43 M 43 M 43 M 43 M 43 M 43 M 43 M 43 M 43 M 43

图 3-128　JSL2 电泳

叶背

叶面

枝条

花

图 3-129　JSL2 形态特征

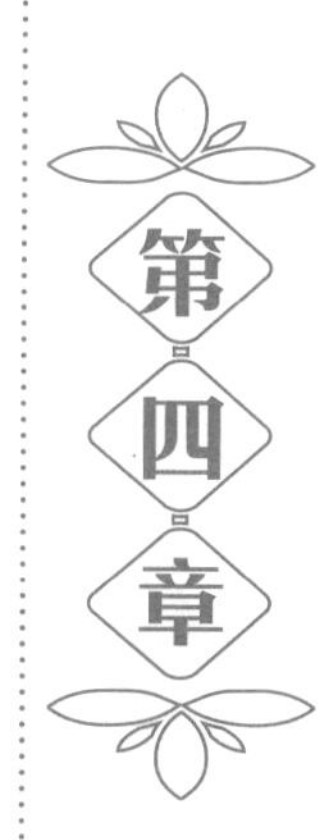

第四章 茶树资源形态学研究

植物形态学是研究植物体内外形态和结构，器官的形成和发育，细胞、组织、器官在不同环境中以及个体发育和系统发育过程中的变化规律的学科。利用形态特征进行生物遗传多样性研究具有简单、易行、快速等特点，在遗传学、育种学及分类学中仍广泛应用。茶树的形态性状是与经济性状、物种演化及分类相关的农艺性状表现，相关的形态标记主要有树型、树高、叶片和新梢特征特性等，对其鉴定和描述是对茶树种质资源进行全面系统评价和优异资源筛选的基本内容之一，是茶树种质资源鉴定工作的重点，是种质资源分类研究最基本的方法。本研究通过对桂林43份特色茶树资源单株的树型、树姿、叶片和新梢相关形态性状进行调查，并对形态学多样性、相关性统计和系统聚类进行分析，研究茶树资源的亲缘关系及变异规律，为今后更深入研究桂林特色茶树资源的起源与演化、加快开发利用这一资源提供参考依据。

一、材料与方法

（一）材料

本研究以桂林境内生长的特色茶树资源为研究对象。在实地调查的基础上选取有代表性的茶树单株资源43份，以所在地理位置的第一个字母分别命名，观测、记录单株整株和芽叶形态，所选取的43株各性状观测均齐全。

（二）方法

2018 年对 43 份单株资源进行茶树种质资源调查记录，观测的性状主要包括树型、树姿、分枝密度、叶片大小、叶形、叶色、叶基、叶身、叶尖、叶面、叶缘、叶背茸毛、叶质、叶齿形态、芽叶色泽、芽叶茸毛等 16 个质量性状，以及叶长、叶宽、叶面积、叶脉对数 4 个数量性状。所有形态特征的描述和调查方法均参考陈亮等编著的《茶树种质资源描述规范和数据标准》。

对每份种质资源的质量性状均重复观测 10 次，按照等级数量编码方法进行分组赋值（表 4-1）。对每份种质资源的数量性状随机测量 20 个叶片，取平均值。对数量性状进行 10 级分类，分别赋值 1，2，3，…，10，1 级＜ $X-2S$，10 级 ≥ $X+2S$，中间每级间隔 $0.5S$，其中 X 为平均值，S 为标准差。

形态多样性采用 Shannon–Wiener 多样性指数（H'），$H' = -\sum P_j - \ln P_j$，式中 P_j 为某性状第 j 个代码出现的频率。

各性状的基本统计参数利用 Excel 2007 软件进行分析。利用 SPSS Statistics 23 软件进行形态学性状的相关性分析、主成分分析和聚类分析。聚类分析方法采用类间平均距离连接法，距离系数采用欧式距离平方，聚类前先将原始数据进行标准化处理。标准化公式为 $Z_{ij}=(X_{ij} - X_j)/S_j$，$Z_{ij}$ 表示标准化后的数值，X_{ij} 表示原始数据矩阵中第 i 个分类单位第 j 个性状值，X_j 和 S_j 分别表示第 j 个性状的平均值和标准差。

表 4–1　质量性状赋值标准

性状	赋值				
	1	2	3	4	5
树型	乔木	小乔木	灌木		
树姿	直立	开张	半开张		
分枝密度	大	中	小		
叶片大小	小	中	大	特大	
叶形	近圆形	卵圆形	椭圆形	长椭圆形	披针形
叶色	黄绿	浅绿	绿	深绿	
叶基	楔形	近圆形			
叶身	内折	平	稍背卷		
叶尖	急尖	渐尖	钝尖	圆尖	
叶面	平	微隆起	隆起		
叶缘	平	微波	波		
叶背茸毛	无	少	多		
叶质	柔软	中	硬		
叶齿形态	锯齿形	重锯齿形	浅锯齿形		
芽叶色泽	玉白	黄绿	淡绿	绿	紫绿
芽叶茸毛	无	少	中	多	特多

二、分析与研究

（一）表现型性状的变异及多样性

桂林特色茶树资源形态性状等级频率分布如下。43 份茶树资源的形态学观测结果如表 4–2、表 4–3 所示，从两表中可以看出，除树高、树幅、基部干径、胸部干径、最低分枝高 5 个指标外，其余 18 个指标均为生物学性状，其中有 4 个为数量性状，14 个为质量性状。根据表 4–1 中的方法，对所有数量性状进行 10 级分类赋值，对所有质量性状按照等级数量编码方法进行分级赋值，赋值编码后的结果如表 4–4。根据表 4–4 的赋值编码结果对各形态性状不同等级的频率分布进行统计（表 4–5、表 4–6），结果表明，桂林特色茶树资源树型主要有乔木型和小乔木型 2 种，其中小乔木型资源占总数的 74.4%，乔木型资源占 18.6%。树姿有直立、开张和半开张 3 种类型，半开张的最多，占 83.7%，直立、开张 2 种树型所占比例相差不大，分别占 7.0% 和 9.3%。分枝密度有大、中等、小 3 种类型，分枝密度中等型最多，占 79.1%，其次是分枝密度小型，占 11.6%。从叶片形态来看，桂林特色茶树叶型主要有大叶型（$40\ cm^2$ ＜叶面积＜ $60\ cm^2$）和中叶型（$20\ cm^2$ ＜叶面积≤ $40\ cm^2$）2 种类型。叶形有近圆形、椭圆形、长椭圆形和披针形 4 种类型，其中长椭圆形的资源最多，占 51.2%；其次是披针形的资源，占 30.2%；呈椭圆形的资源占 16.3%，其余 2.3% 为近圆形。叶尖有渐尖和钝尖 2 种类型，以渐尖最多，占 97.7%；少数为钝尖，占 2.3%。叶色有浅绿色、绿色、深绿色 3 种类型，以绿色最多，占 93.0%；呈浅绿色的资源占 2.3%，浓绿色的占 4.7%。叶基均为楔形。叶身有内折、平展和稍背卷 3 种类型，以内折最多，占 55.8%；其次为平展，占 32.6%，其余 11.6% 呈稍背卷状。叶面大部分呈平状或微隆状，占 95.4%，其中叶面呈平状占 44.2%，微隆状占 51.2%；少数为隆起状，占 4.6%。叶缘大多为平展，占 72.1%，其余 27.9% 呈微波状。叶质大多中等，占 72.1%；叶质较硬脆的占 18.6%；叶质柔软的占 9.3%。叶齿多为锯齿形，少数呈浅锯齿形或重锯齿形。叶背茸毛大多较少，少数无茸毛。

表 4-2　桂林特色茶树资源特征性状

序号	资源编号	树型	树姿	分枝密度	嫩枝茸毛	最低分枝（m）	树高（m）	树幅（m）	基部干径（cm）	胸部干径（cm）
1	ZHCP1	小乔木	半开张	中	有	0	6.0	4.0	30.3	20.5
2	ZHCP2	小乔木	半开张	中	有	0.67	6.0	3.0	27.3	16.4
3	ZHCP3	小乔木	半开张	中	少	0.90	5.0	6.0	25.4	17.9
4	ZHCP4	小乔木	半开张	中	少	0.28	4.0	3.5	18.1	17.4
5	ZHCM1	小乔木	半开张	中	少	1.50	9.0	6.0	35.0	28.5
6	ZHCM2	小乔木	半开张	中	少	0.50	6.0	5.0	28.5	14.6
7	ZHCM3	小乔木	半开张	中	少	0.60	5.0	3.5	21.5	9.6
8	ZHCM4	灌木	开张	中	少	0	5.0	5.0	10.2	7.5
9	ZHCM5	灌木	开张	中	少	0	5.5	5.0	7.9	4.7
10	ZHCM6	小乔木	半开张	中	无	0.15	5.5	5.0	20.5	8.6
11	ZHHZ1	小乔木	半开张	大	有	0.15	4.0	5.0	25.2	26.1

续表

序号	资源编号	树型	树姿	分枝密度	嫩枝茸毛	最低分枝（m）	树高（m）	树幅（m）	基部干径（cm）	胸部干径（cm）
12	ZHHZ2	小乔木	半开张	中	少	0.74	4.5	5.0	23.6	29.0
13	ZHHZ3	小乔木	半开张	大	无	0.40	4.5	4.0	20.1	18.8
14	ZHHZ4	乔木	半开张	大	少	0.55	5.0	5.0	20.7	19.9
15	ZHHZ5	小乔木	半开张	中	有	0.22	2.0	1.5	2.0	1.5
16	LSL1	小乔木	半开张	中	有	1.45	4.5	3.5	4.6	2.8
17	LLX1	乔木	直立	中	少	0.58	3.5	3.0	38.2	15.0
18	LLX2	小乔木	半开张	中	有	0.46	5.0	2.5	18.8	17.1
19	LLX3	小乔木	直立	中	有	0.27	5.0	1.5	19.1	18.5
20	LLX4	乔木	直立	中	有	0.27	4.5	4.0	22.6	21.7
21	LLX5	小乔木	半开张	中	少	0.58	5.5	4.5	28.3	28.0
22	LLH1	小乔木	半开张	小	有	0	6.0	3.5	28.9	16.5

续表

序号	资源编号	树型	树姿	分枝密度	嫩枝茸毛	最低分枝（m）	树高（m）	树幅（m）	基部干径（cm）	胸部干径（cm）
23	LLH2	乔木	半开张	中	有	0.53	5.5	3.0	20.0	15.2
24	LLH3	小乔木	半开张	中	有	0.66	5.0	5.0	70.0	22.2
25	LLH4	乔木	半开张	中	少	0.62	6.0	3.0	25.4	21.5
26	LJW1	小乔木	半开张	中	有	0.70	6.0	4.5	19.1	20.0
27	LJW2	小乔木	半开张	中	无	0	5.5	6.0	27.3	10.2
28	LJW3	小乔木	半开张	中	少	0.40	7.0	6.0	35.9	32.5
29	LJW4	小乔木	半开张	中	有	0.8	2.5	3.0	30.5	9.6
30	LJW5	小乔木	半开张	中	少	0	3.0	2.5	15.9	8.2
31	LLM1	乔木	半开张	中	少	1.30	2.5	1.5	3.5	2.0
32	LLM2	小乔木	半开张	小	少	0.70	2.8	1.5	5.1	3.0
33	LLM3	小乔木	半开张	小	少	0.30	2.5	1.5	5.3	2.2

续表

序号	资源编号	树型	树姿	分枝密度	嫩枝茸毛	最低分枝（m）	树高（m）	树幅（m）	基部干径（cm）	胸部干径（cm）
34	XHG1	小乔木	半开张	中	有	0.41	4.5	2.8	11.0	13.5
35	XHG2	小乔木	半开张	中	有	2.29	5.2	2.85	13.0	13.0
36	XHC1	小乔木	半开张	中	有	0.3	4.5	5.2	13.0	15.5
37	XHC2	乔木	半开张	中	有	1.29	4.51	3.8	16.0	22.0
38	XHC3	小乔木	半开张	中	无	0.74	4.26	5.0	15.0	15.0
39	XHC4	小乔木	开张	大	有	0.16	4.5	5.5	36.3	32.5
40	XHY1	乔木	半开张	小	有	1.1	2.0	1.5	21.0	21.0
41	XHB	小乔木	半开张	中	无	0.3	2.3	2.0	5.0	5.0
42	LLZ1	灌木	开张	中	有	0	1.5	1.0	4.0	2.0
43	JSL2	小乔木	半开张	小	无	0.6	1.8	1.2	3.0	1.5

表 4-3　桂林特色茶树资源叶片形态特征

序号	资源编号	平均叶长(cm)	平均叶宽(cm)	平均叶面积(cm^2)	叶形	叶脉对数	叶面	叶质	叶齿	叶色	叶基	叶身	叶尖	叶缘	叶背茸毛
1	ZHCP1	10.32	3.98	28.75	长椭圆形	10	平	中	锯齿形	绿	楔形	平	渐尖	平	少
2	ZHCP2	10.48	4.52	33.16	椭圆形	12	微隆起	中	锯齿形	绿	楔形	稍背卷	渐尖	平	少
3	ZHCP3	10.06	4.22	29.72	椭圆形	8	微隆起	中	锯齿形	绿	楔形	稍背卷	渐尖	平	少
4	ZHCP4	10.28	4.76	34.25	椭圆形	12	微隆起	中	浅锯齿形	绿	楔形	平	渐尖	平	少
5	ZHCM1	15.56	4.82	52.50	披针形	12	微隆起	中	锯齿形	绿	楔形	内折	渐尖	平	少
6	ZHCM2	11.36	4.33	34.43	长椭圆形	13	微隆起	硬	锯齿形	绿	楔形	内折	渐尖	平	少
7	ZHCM3	14.60	4.45	45.48	披针形	11	平	中	浅锯齿形	绿	楔形	平	渐尖	平	少
8	ZHCM4	7.16	2.85	14.28	长椭圆形	11	平	中	锯齿形	绿	楔形	内折	渐尖	平	少
9	ZHCM5	9.46	3.38	22.38	长椭圆形	10	微隆起	中	锯齿形	绿	楔形	稍背卷	渐尖	微波	少
10	ZHCM6	9.35	3.18	20.81	长椭圆形	10	平	中	锯齿形	绿	楔形	内折	渐尖	平	少
11	ZHHZ1	14.06	4.80	47.24	长椭圆形	11	微隆起	硬	锯齿形	绿	楔形	内折	渐尖	微波	无

续表

序号	资源编号	平均叶长(cm)	平均叶宽(cm)	平均叶面积(cm²)	叶形	叶脉对数	叶面	叶质	叶齿	叶色	叶基	叶身	叶尖	叶缘	叶背茸毛
12	ZHHZ2	14.96	4.78	50.06	披针形	11	微隆起	中	锯齿形	绿	楔形	内折	渐尖	微波	无
13	ZHHZ3	15.10	4.76	50.31	披针形	11	平	中	锯齿形	深绿	楔形	内折	渐尖	微波	无
14	ZHHZ4	15.32	4.80	51.48	披针形	10	微隆起	中	浅锯齿形	绿	楔形	平	渐尖	平	无
15	ZHHZ5	11.98	3.96	33.21	披针形	14	微隆起	中	锯齿形	绿	楔形	内折	渐尖	平	无
16	LSL1	14.40	6.00	60.48	椭圆形	10	平	中	锯齿形	绿	楔形	稍背卷	渐尖	平	少
17	LLX1	13.46	3.98	37.50	披针形	10	平	中	锯齿形	绿	楔形	内折	渐尖	平	无
18	LLX2	13.28	3.66	34.02	披针形	11	平	中	锯齿形	绿	楔形	内折	渐尖	平	少
19	LLX3	12.26	4.26	36.56	长椭圆形	8	微隆起	中	锯齿形	绿	楔形	内折	渐尖	微波	少
20	LLX4	12.72	4.92	43.81	长椭圆形	8	微隆起	中	锯齿形	深绿	楔形	内折	钝尖	微波	少
21	LLX5	11.56	4.92	39.81	椭圆形	8	平	硬	浅锯齿形	绿	楔形	内折	渐尖	微波	少
22	LLH1	16.42	5.78	66.44	长椭圆形	12	隆起	中	锯齿形	绿	楔形	内折	渐尖	平	少

续表

序号	资源编号	平均叶长(cm)	平均叶宽(cm)	平均叶面积(cm^2)	叶形	叶脉对数	叶面	叶质	叶齿	叶色	叶基	叶身	叶尖	叶缘	叶背茸毛
23	LLH2	10.74	5.32	40.00	近圆形	8	微隆起	中	锯齿形	绿	楔形	内折	渐尖	平	少
24	LLH3	12.90	5.36	48.40	椭圆形	9	微隆起	中	锯齿形	绿	楔形	内折	渐尖	平	少
25	LLH4	10.58	3.86	28.59	长椭圆形	8	平	中	锯齿形	绿	楔形	内折	渐尖	平	无
26	LJW1	14.98	4.48	46.98	披针形	10	隆起	中	锯齿形	绿	楔形	平	渐尖	平	少
27	LJW2	11.28	4.22	33.32	长椭圆形	9	微隆起	硬	锯齿形	绿	楔形	内折	渐尖	平	少
28	LJW3	14.08	5.56	54.80	长椭圆形	10	微隆起	中	浅锯齿形	绿	楔形	内折	渐尖	平	少
29	LJW4	9.04	3.68	23.29	椭圆形	8	微隆起	硬	重锯齿形	绿	楔形	内折	渐尖	微波	少
30	LJW5	14.34	5.48	55.01	长椭圆形	9	平	中	锯齿形	绿	楔形	内折	渐尖	平	少
31	LLM1	14.38	5.36	53.95	长椭圆形	10	微隆起	中	重锯齿形	浅绿	楔形	稍背卷	渐尖	微波	少
32	LLM2	14.04	4.80	47.17	长椭圆形	10	平	硬	浅锯齿形	绿	楔形	平	渐尖	平	少
33	LLM3	12.56	3.64	32.00	披针形	9	平	硬	锯齿形	绿	楔形	内折	渐尖	平	少

续表

序号	资源编号	平均叶长(cm)	平均叶宽(cm)	平均叶面积(cm^2)	叶形	叶脉对数	叶面	叶质	叶齿	叶色	叶基	叶身	叶尖	叶缘	叶背茸毛
34	XHG1	11.90	4.06	33.82	长椭圆形	8	平	中	锯齿形	绿	楔形	平	渐尖	平	无
35	XHG2	16.52	5.74	66.38	长椭圆形	11	平	柔软	浅锯齿形	绿	楔形	平	渐尖	平	无
36	XHC1	16.38	5.60	64.21	长椭圆形	10	微隆起	柔软	锯齿形	绿	楔形	平	渐尖	微波	无
37	XHC2	14.04	4.94	48.55	长椭圆形	9	平	柔软	锯齿形	绿	楔形	平	渐尖	微波	无
38	XHC3	15.28	4.66	49.84	披针形	10	平	柔软	锯齿形	绿	楔形	平	渐尖	平	少
39	XHC4	13.88	4.24	41.20	披针形	13	平	中	锯齿形	绿	楔形	平	渐尖	平	少
40	XHY1	10.64	3.88	28.90	长椭圆形	11	微隆起	中	锯齿形	绿	楔形	平	渐尖	平	少
41	XHB	14.06	4.90	48.23	长椭圆形	9	微隆起	中	锯齿形	绿	楔形	内折	渐尖	平或微波	少
42	LLZ1	10.30	3.30	23.79	披针形	9	平	中	锯齿形	绿	楔形	平	渐尖	平	少
43	JSL2	8.90	3.22	20.06	长椭圆形	10	微隆起	硬	锯齿形	绿	楔形	内折	渐尖	平	无

表 4-4　赋值编码后的形态指标

资源编号	树型	树姿	分枝密度	平均叶长	平均叶宽	平均叶面积	叶形	叶脉对数	叶面	叶质	叶齿	叶色	叶基	叶身	叶尖	叶缘	叶背茸毛
ZHCP1	2	3	2	3	4	4	4	4	1	2	1	3	1	2	2	1	2
ZHCP2	2	3	2	4	6	4	3	6	2	2	1	3	1	3	2	1	2
ZHCP3	2	3	2	3	5	4	3	2	2	2	1	3	1	3	2	1	2
ZHCP4	2	3	2	3	5	4	3	6	2	2	3	3	1	2	2	1	2
ZHCM1	2	3	2	8	6	7	5	6	2	2	1	3	1	1	2	1	2
ZHCM2	2	3	2	4	5	4	4	7	2	3	1	3	1	1	2	1	2
ZHCM3	2	3	2	7	5	6	5	5	1	2	3	3	1	2	2	1	2
ZHCM4	3	2	2	1	1	1	4	5	1	2	1	3	1	1	2	1	2
ZHCM5	3	2	2	3	3	3	4	4	2	2	1	3	1	3	2	2	2
ZHCM6	2	3	2	3	2	2	4	4	1	2	1	3	1	1	2	1	2
ZHHZ1	2	3	1	7	6	6	4	5	2	3	1	3	1	1	2	2	1

续表

资源编号	树型	树姿	分枝密度	平均叶长	平均叶宽	平均叶面积	叶形	叶脉对数	叶面	叶质	叶齿	叶色	叶基	叶身	叶尖	叶缘	叶背茸毛
ZHHZ2	2	3	2	7	6	7	5	5	2	2	1	3	1	1	2	2	1
ZHHZ3	2	3	1	8	6	7	5	5	1	2	1	4	1	1	2	2	1
ZHHZ4	1	3	1	8	6	7	5	4	2	2	3	3	1	2	2	1	1
ZHHZ5	2	3	2	5	4	4	5	8	2	2	1	3	1	1	2	1	1
LSL1	2	3	2	7	9	8	3	4	1	2	1	3	1	3	2	1	2
LLX1	1	1	2	6	3	5	5	4	1	2	1	3	1	1	2	1	1
LLX2	2	3	2	6	3	4	5	5	1	2	1	3	1	1	2	1	2
LLX3	2	1	2	5	5	5	4	2	2	2	1	3	1	1	2	2	2
LLX4	1	1	2	6	7	6	4	2	2	2	1	4	1	1	3	2	2
LLX5	2	3	2	5	7	5	3	2	1	3	3	3	1	1	2	2	2
LLH1	2	3	3	9	9	9	4	6	3	2	1	3	1	1	2	1	2

续表

资源编号	树型	树姿	分枝密度	平均叶长	平均叶宽	平均叶面积	叶形	叶脉对数	叶面	叶质	叶齿	叶色	叶基	叶身	叶尖	叶缘	叶背茸毛
LLH2	1	3	2	4	8	5	1	2	2	2	1	3	1	1	2	1	2
LLH3	2	3	2	6	8	7	3	3	2	2	1	3	1	1	2	1	2
LLH4	1	3	2	4	4	4	4	2	1	2	1	3	1	1	2	1	1
LJW1	2	3	2	7	5	6	5	4	3	2	1	3	1	2	2	1	2
LJW2	2	3	2	4	5	4	4	3	2	3	1	3	1	1	2	1	2
LJW3	2	3	2	7	8	8	4	4	2	2	3	3	1	1	2	1	2
LJW4	2	3	2	2	3	3	3	2	2	3	2	3	1	1	2	2	2
LJW5	2	3	2	7	8	8	4	3	1	2	1	3	1	1	2	1	2
LLM1	1	3	2	7	8	8	4	4	2	2	2	2	1	3	2	2	2
LLM2	2	3	3	7	6	6	4	4	1	3	3	3	1	2	2	1	2
LLM3	2	3	3	5	3	4	5	3	1	3	1	3	1	1	2	1	2

续表

资源编号	树型	树姿	分枝密度	平均叶长	平均叶宽	平均叶面积	叶形	叶脉对数	叶面	叶质	叶齿	叶色	叶基	叶身	叶尖	叶缘	叶背茸毛
XHG1	2	3	2	5	4	4	4	2	1	2	1	3	1	2	2	1	1
XHG2	2	3	2	9	9	9	4	5	1	1	3	3	1	2	2	1	1
XHC1	2	3	2	9	8	9	4	4	2	1	1	3	1	2	2	2	1
XHC2	1	3	2	7	7	7	4	3	1	1	1	3	1	2	2	2	1
XHC3	2	3	2	8	6	7	5	4	1	1	1	3	1	2	2	1	2
XHC4	2	2	1	7	5	6	5	7	1	2	1	3	1	2	2	1	2
XHY1	1	3	3	4	4	4	4	5	2	2	1	3	1	2	2	1	2
XHB	2	3	2	7	7	7	4	3	2	2	1	3	1	1	2	2	2
LLZ1	3	2	2	3	2	3	5	3	1	2	1	3	1	2	2	1	2
JSL2	2	3	3	2	2	2	4	4	2	3	1	3	1	1	2	1	1

表 4-5 桂林特色茶树资源数量性状等级频率分布

等级	树高	树幅	基部干径	胸部干径	平均叶长	平均叶宽	平均叶面积	叶脉对数
1	0	0	0	0	2.3%	2.3%	2.3%	0
2	2.3%	18.6%	0	11.6%	4.7%	7.0%	4.7%	18.6%
3	16.3%	7.0%	20.9%	9.3%	14.0%	11.6%	7.0%	16.3%
4	7.0%	25.6%	9.3%	14.0%	14.0%	11.6%	27.9%	30.2%
5	25.6%	14.0%	27.9%	16.3%	11.6%	18.6%	9.3%	18.6%
6	25.6%	27.9%	18.6%	20.9%	9.3%	18.6%	14.0%	9.3%
7	18.6%	7.0%	11.6%	14.0%	27.9%	9.3%	18.6%	4.7%
8	2.3%	0	9.3%	9.3%	9.3%	14.0%	9.3%	2.3%
9	0	0	0	0	7.0%	7.0%	7.0%	0
10	2.3%	0	2.3%	4.7%	0	0	0	0

表 4-6　桂林特色茶树资源质量性状等级频率分布

等级	树型	树姿	分枝密度	叶形	叶尖	叶色	叶身	叶面	叶缘	叶齿	叶质	叶背茸毛
1	18.6%	7.0%	9.3%	2.3%	0	0	55.8%	44.2%	72.1%	79.1%	9.3%	27.9%
2	74.4%	9.3%	79.1%	0	97.7%	2.3%	32.6%	51.2%	27.9%	4.7%	72.1%	72.1%
3	7.0%	83.7%	11.6%	16.3%	2.3%	93.0%	11.6%	4.6%	0	16.3%	18.6%	0
4				51.2%	0	4.7%						
5				30.2%								

根据表4–2至表4–6对43份桂林特色茶树资源的形态学指标进行统计分析，得出茶树资源形态学性状的差异和多样性分析结果，如表4–7所示。

从表4–7可以看出，12个质量性状的多样性指数为0.11～0.94，平均为0.62，以叶身最大，叶尖最小，遗传变异丰富。多样性指数在0.60以上的性状有7个，高低顺序依次为：叶身（0.94）＞叶面（0.85）＞叶质（0.77）＞叶形（0.74）＞树型（0.72）＞分枝密度（0.66）＞叶齿（0.62）。4个数量性状均表现出丰富的遗传变异性，其多样性指数为1.73～2.08，平均为1.95，以叶宽最大，叶脉对数最小，多样性指数从大到小依次为：叶宽（2.08）＞叶长（2.01）＞叶面积（1.99）＞叶脉对数（1.73）。

从变异系数来看，12个质量性状的变异系数为7.45%～54.50%，平均为27.19%，以叶齿最大，叶尖最小，变异系数在20.00%以上的性状有10个，从大到小依次为：叶齿（54.50%）＞叶身（44.43%）＞叶面（35.91%）＞叶缘（35.07%）＞树型（26.13%）＞叶背茸毛（25.88%）＞叶质（24.85%）＞分枝密度（22.58%）＞叶形（20.43%）＞树姿（20.38%）。4个数量性状的变异系数为14.90%～31.56%，以叶面积最大，叶脉对数最小，变异系数从大到小依次为：叶面积（31.56%）＞叶长（18.32%）＞叶宽（17.03%）＞叶脉对数（14.90%）。综合各性状的变异系数和多样性指数可以看出，数量性状中的叶面积、叶长、叶宽具有丰富的遗传变异性；质量性状中的叶齿、叶身、叶面、叶缘、树型、叶背茸毛、叶质具有丰富的遗传变异性。

表 4-7　桂林特色茶树资源形态学性状的差异性和多样性分析结果

性状	最小值	最大值	平均值	标准差	变异幅度	变异系数（%）	多样性指数
平均叶长	7.16	16.52	12.67	2.32	9.36	18.32	2.01
平均叶宽	2.85	6.00	4.50	0.77	3.15	17.03	2.08
平均叶面积	14.28	66.44	40.82	12.88	52.15	31.56	1.99
叶脉对数	8.00	14.00	10.07	1.50	6.00	14.90	1.73
树型	1.00	3.00	1.88	0.49	2.00	26.13	0.72
树姿	1.00	3.00	2.77	0.56	2.00	20.38	0.56
分枝密度	1.00	3.00	2.02	0.46	2.00	22.58	0.66
叶形	1.00	5.00	4.12	0.84	4.00	20.43	0.74
叶面	1.00	3.00	1.60	0.58	2.00	35.91	0.85
叶质	1.00	3.00	2.09	0.52	2.00	24.85	0.77
叶齿	1.00	3.00	1.37	0.75	2.00	54.50	0.62
叶色	2.00	4.00	3.02	0.26	2.00	8.70	0.30
叶身	1.00	3.00	1.56	0.69	2.00	44.43	0.94
叶尖	2.00	3.00	2.02	0.15	1.00	7.45	0.11
叶缘	1.00	2.00	1.28	0.45	1.00	35.07	0.59
叶背茸毛	1.00	2.00	1.73	0.45	1.00	25.88	0.59

叶质、叶色、叶形等其他相关叶片性状是茶树品种适制性的重要参考指标。本研究通过对形态性状进行分析，发现桂林特色茶树资源芽叶形态性状变异明显，变异范围大，表现出丰富的遗传多样性，其中尤以叶质、叶色等决定茶树品种适制性的重要指标变异最为丰富，说明在桂林特色茶树资源中进行优异资源的筛选和品种选育是可行的。

（二）表型性状的相关性分析

以皮尔逊（Pearson）相关系数对 43 份桂林特色茶树资源的 16 个形态学性状进行相关性分析，具体见表 4-8。结果显示，呈极显著正相关的性状有 5 对，分别是叶长与叶宽、叶长与叶面积、叶宽与叶面积、树姿与叶形、叶色与叶尖；呈显著正相关的为分枝密度与叶背茸毛；呈极显著负相关的有 2 对性状，分别是叶面积与叶质、树姿与叶尖；呈显著负相关的性状有 6 对，分别是叶长与叶质、叶长与叶背茸毛、叶宽与树型、叶宽与叶质、叶质与叶身、叶色与叶身。除此之外，其他性状之间无显著相关性，相关系数为 0.001 ～ 0.263。这些相互之间呈显著或极显著相关的性状可能分属于相同的连锁基因群，同一连锁基因群所控制的表型性状表现出相关关系。

（三）叶片表型性状的主成分分析

主成分分析（principal component analysis，PCA）是利用降维的思想，将多个指标转换成较少的几个互不相关的综合指标（即原始变量的主成分），从而使进一步研究变得简单的一种统计方法。得到的主成分不是原始变量筛选后的剩余变量，而是原始变量经过重新组合后的“综合变量”，它们包含了原始变量的大部分信息。

本研究利用 SPSS Statistics 23 软件对 13 个叶片形态指标进行主成分分析，得到总方差分解表（表 4–9）、旋转后的成分矩阵（表 4–10）和因子得分系数矩阵（表 4–11）。

从表 4–9 可以看出，13 个特征根提取不同的方差载荷后，根据特征值大于 1 的原则提取了前 5 个为主成分，其方差贡献率分别为 24.102%、12.229%、12.221%、11.570%、11.303%，主成分的累积贡献率达 71.415%，因此提取出的 5 个主成分包含了原始变量的绝大部分信息。从表 4–10 可以看出，旋转后的成分矩阵显示了各原始变量（形态性状）与各主成分之间的相关性，其绝对值越大说明关系越密切。若原始变量在某一主成分中旋转后的因子载荷的绝对值大于 0.5，则将该原始变量归于该主成分中，比如叶长在各主成分中旋转后的成分载荷的绝对值只有在第一主成分中为 0.899，在其余各主成分中均小于 0.5，因此将叶长归入第一主成分。依此类推可以得出：

第一主成分包含叶长、叶宽和叶面积 3 个性状，其旋转后的因子载荷的绝对值均大于 0.5，且均呈正相关，说明第一主成分是与叶片大小密切相关的因子，主要反映叶片大小，而且其因子得分越高，叶片越大，因此可以称第一主成分为叶片大小。

第二主成分包含叶形、叶身、叶背茸毛 3 个性状，其旋转后的因子载荷的绝对值均大于 0.5，且均呈正相关，说明第二主成分是与叶形性状密切相关的因子，而且其因子得分越高，叶形越长、叶身越平、叶背茸毛越多，因此可以称第二主因子为叶面形状特征。

第三主成分包含叶色和叶尖2个性状，其旋转后的因子载荷的绝对值均大于0.5，均呈正相关，且两者在该主成分中旋转后的因子载荷相对较大，分别为0.803和0.860，说明该主成分主要反映的是叶面色泽和叶尖形状。

第四主成分包含叶脉对数和叶缘2个性状，其旋转后的因子载荷分别为0.618和–0.781，叶脉对数呈正相关，叶缘呈负相关，说明该主成分主要反映的是叶缘和叶脉。

第五主成分包含叶面、叶质和叶背茸毛3个性状，其旋转后的因子载荷的绝对值均大于0.5，均呈正相关，说明该主成分是与叶片表面性状密切相关的因子，而且其因子得分越高，叶面隆起性越强、叶质越硬、叶背茸毛越多，因此可以称第五主成分为叶表特征。

由表4–11因子得分系数矩阵可以求得每个茶树单株资源叶片表型性状在这5个主成分上的因子得分和综合得分，计算公式如下：

$$F_1=0.283\times Z_1+0.307\times Z_2+0.316\times Z_3+\cdots+(-0.027)\times Z_{13}$$

F_2、F_3、F_4、F_5的计算方法同理。式中，F_1、F_2、F_3、F_4、F_5为各单株资源的叶片表型性状在各主成分中的因子得分，Z_1～Z_{13}分别为原始变量经过数据标准化后的数值。

$$综合得分=(a_1\times F_1+a_2\times F_2+a_3\times F_3+a_4\times F_4+a_5\times F_5)/5a$$

a_1、a_2、a_3、a_4、a_5分别为5个主成分的方差贡献率，a为5个主成分的累积贡献率。

通过以上计算方法得到各单株资源的叶片表型性状各主成分的因子得分和综合得分（表4–12、图4–1）。

表 4-8　桂林特色茶树资源表型性状的相关性分析

性状	叶长	叶宽	叶面积	树型	树姿	分枝密度	叶形	叶脉对数	叶面	叶质	叶齿	叶色	叶身	叶尖	叶缘	叶背茸毛
叶长	1															
叶宽	0.734**	1														
叶面积	0.931**	0.921**	1													
树型	−0.236	−0.311*	−0.250	1												
树姿	0.161	0.263	0.227	−0.014	1											
分枝密度	−0.186	−0.118	−0.144	0.012	0.111	1										
叶形	−0.118	−0.080	−0.095	0.201	0.400**	0.053	1									
叶脉对数	0.202	0.008	0.128	0.200	0.157	−0.104	0.215	1								

续表

性状	叶长	叶宽	叶面积	树型	树姿	分枝密度	叶形	叶脉对数	叶面	叶质	叶齿	叶色	叶身	叶尖	叶缘	叶背茸毛
叶面	0.073	0.223	0.155	−0.080	0.075	0.123	−0.193	0.139	1							
叶质	−0.387*	−0.311*	−0.399**	0.133	0.074	0.187	−0.025	−0.068	0.123	1						
叶齿	0.180	0.290	0.248	−0.072	0.205	−0.025	0.079	0.018	−0.090	0.090	1					
叶色	0.029	−0.021	−0.004	0.021	−0.277	−0.198	−0.222	−0.063	−0.093	−0.016	−0.162	1				
叶身	0.027	0.118	0.080	0.054	0.094	−0.041	0.288	0.052	−0.030	−0.338*	0.138	−0.327*	1			
叶尖	0.003	0.085	0.036	−0.277	−0.484**	−0.008	−0.205	−0.213	0.106	−0.028	−0.077	0.573**	−0.124	1		
叶缘	0.133	0.157	0.155	−0.064	−0.203	−0.259	−0.209	−0.271	0.157	−0.012	−0.032	0.142	−0.052	0.248	1	
叶背茸毛	−0.346*	−0.114	−0.252	0.289	−0.072	0.376*	0.240	−0.060	0.137	0.287	−0.012	−0.149	0.106	0.099	−0.248	1

注：** 表示在 0.01 水平上极显著相关（双尾检测）；* 表示在 0.05 水平上显著相关（双尾检测）；材料数 N=43。

表 4-9　叶片形态指标总方差分解情况

成分	初始特征值			提取载荷平方和			旋转载荷平方和		
	总计	方差百分比（%）	累积（%）	总计	方差百分比（%）	累积（%）	总计	方差百分比（%）	累积（%）
1	3.203	24.638	24.638	3.203	24.638	24.638	3.133	24.102	24.102
2	2.261	17.390	42.028	2.261	17.390	42.028	1.590	12.229	36.331
3	1.433	11.020	53.047	1.433	11.020	53.047	1.587	12.211	48.541
4	1.248	9.602	62.650	1.248	9.602	62.650	1.504	11.570	60.111
5	1.139	8.765	71.415	1.139	8.765	71.415	1.469	11.303	71.415
6	0.972	7.479	78.894						
7	0.797	6.132	85.026						
8	0.655	5.036	90.063						
9	0.447	3.442	93.505						
10	0.390	2.996	96.501						
11	0.306	2.356	98.857						
12	0.142	1.096	99.953						
13	0.006	0.047	100.000						

注：提取方法为主成分分析法。

表 4-10　叶片形态指标旋转后的成分矩阵

性状	主成分				
	1	2	3	4	5
叶长	0.899	−0.172	−0.019	0.052	−0.178
叶宽	0.920	0.088	0.055	−0.087	0.104
叶面积	0.977	−0.040	0.006	−0.019	−0.057
叶形	−0.085	0.565	−0.140	0.398	−0.054
叶脉对数	0.212	−0.167	−0.250	0.618	0.078
叶面	0.270	−0.086	−0.107	−0.277	0.768
叶质	−0.383	−0.224	0.008	0.213	0.647
叶齿	0.383	0.281	−0.046	0.305	0.094
叶色	−0.016	−0.368	0.803	0.000	−0.168
叶身	0.097	0.780	−0.233	−0.151	−0.209
叶尖	0.063	0.010	0.860	−0.263	0.119
叶缘	0.158	−0.190	0.026	−0.781	0.087
叶背茸毛	−0.255	0.535	0.221	0.192	0.551

注：提取方法为主成分分析法。旋转方法为凯撒正态化最大方差法，旋转在 17 次迭代后已收敛。

表 4-11　因子得分系数矩阵

性状	成分				
	1	2	3	4	5
叶长	0.283	−0.106	0.001	0.093	−0.075
叶宽	0.307	0.098	0.066	−0.021	0.119
叶面积	0.316	−0.003	0.028	0.037	0.012
叶形	−0.004	0.326	0.041	0.209	−0.038

续表

性状	成分				
	1	2	3	4	5
叶脉对数	0.091	−0.206	−0.104	0.438	0.070
叶面	0.111	−0.041	−0.136	−0.195	0.546
叶质	−0.086	−0.180	−0.022	0.160	0.426
叶齿	0.150	0.165	0.064	0.205	0.087
叶色	0.003	−0.135	0.513	0.153	−0.134
叶身	0.024	0.517	−0.064	−0.215	−0.133
叶尖	0.042	0.160	0.567	−0.063	0.067
叶缘	0.017	−0.047	−0.121	−0.537	0.067
叶背茸毛	−0.027	0.376	0.243	0.108	0.363

注：提取方法为主成分分析法。旋转方法为凯撒正态化最大方差法。

表 4-12　叶片表型性状各主成分的因子得分

资源编号	F_1	F_2	F_3	F_4	F_5	综合得分
ZHCP1	−0.97643	0.572757	0.188758	0.168428	−0.59953	−0.04446
ZHCP2	−0.29868	1.411187	−0.07749	0.354455	0.276498	0.038131
ZHCP3	−0.79029	1.936756	0.163919	−0.81836	0.055623	−0.00514
ZHCP4	0.160221	1.148164	0.114086	1.191755	0.740254	0.096738
ZHCM1	0.83399	−0.26046	−0.00766	1.215508	0.556731	0.086766
ZHCM2	−0.40863	−0.60645	−0.20042	1.604826	1.456135	0.035741
ZHCM3	0.580919	1.116992	0.415829	1.44854	−0.4184	0.10448
ZHCM4	−2.1342	0.085917	0.039151	0.874471	−0.49239	−0.10585
ZHCM5	−1.21136	1.101555	−0.11028	−1.69333	0.224239	−0.07965
ZHCM6	−1.63599	−0.21991	0.10256	0.435971	−0.50807	−0.09701

续表

资源编号	F_1	F_2	F_3	F_4	F_5	综合得分
ZHHZ1	0.400542	−2.10077	−0.62789	−0.75834	0.793388	−0.05487
ZHHZ2	0.723488	−1.03669	−0.48471	−0.52675	−0.1346	−0.02048
ZHHZ3	0.566723	−1.8637	−0.30104	0.141663	−1.53703	−0.06661
ZHHZ4	1.146364	−0.02063	−0.29102	0.375328	−0.25137	0.059102
ZHHZ5	−0.21639	−2.07068	−0.8962	0.887994	−0.09908	−0.07544
LSL1	1.117363	1.372929	0.432447	0.05822	−0.58262	0.100559
LLX1	−0.35479	−1.52263	−0.37635	0.138235	−1.26129	−0.10368
LLX2	−0.59227	−0.47611	0.105335	0.904382	−0.50246	−0.03274
LLX3	−0.35362	−1.2692	−0.01151	−2.26784	0.70267	−0.09914
LLX4	0.419056	0.103341	0.158293	−1.59344	0.642782	0.004962
LLX5	−0.05558	−0.07253	0.411244	−0.45094	0.577555	0.009583
LLH1	1.85016	−0.6343	−0.17688	0.682334	1.669456	0.143389
LLH2	−0.08624	0.184143	0.232123	−0.42422	0.635905	0.012339
LLH3	0.448424	0.336417	0.23467	0.218451	0.58209	0.062766
LLH4	−1.09	−0.75095	−0.22115	−0.32877	−1.33243	−0.13307
LJW1	0.62627	−0.33024	−0.39	−0.59076	1.040116	0.026174
LJW2	−0.71755	−0.83833	−0.03484	−0.04514	1.34455	−0.03103
LJW3	1.289843	−0.15898	0.268902	0.616003	0.945579	0.117254
LJW4	−1.27968	0.212677	0.146525	−0.85753	1.45161	−0.0466
LJW5	0.644767	−0.02794	0.444675	0.379457	−0.33163	0.04964
LLM1	1.110114	2.226899	0.263013	−1.51889	0.971514	0.118107

续表

资源编号	F_1	F_2	F_3	F_4	F_5	综合得分
LLM2	0.474103	0.596675	0.42821	1.19167	0.462421	0.100275
LLM3	−1.02458	−0.13358	0.243883	0.844049	0.188156	−0.02674
XHG1	−0.69123	−0.04903	−0.1921	−0.57406	−1.52942	−0.1016
XHG2	2.058062	0.316513	0.028212	0.758416	−1.83214	0.097748
XHC1	1.705248	−0.16764	−0.32201	−1.59875	−1.04327	0.011267
XHC2	0.532844	0.064445	−0.11141	−1.67164	−2.06594	−0.071
XHC3	0.561023	1.154445	0.384648	0.347273	−1.48968	0.045546
XHC4	0.031446	0.416713	0.082136	1.449229	−0.56827	0.040143
XHY1	−0.72422	0.339884	−0.12148	0.138093	0.357679	−0.02133
XHB	0.44405	−0.26039	0.1467	−1.15418	0.666197	0.008135
LLZ1	−1.4328	1.007806	0.237062	0.129249	−0.7983	−0.06264
JSL2	−1.65051	−0.83524	−0.31797	0.318853	1.036779	−0.08978

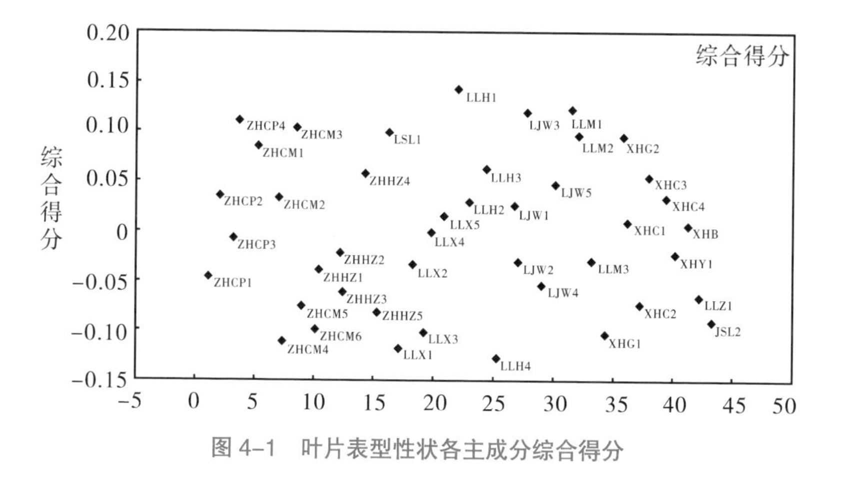

图 4-1　叶片表型性状各主成分综合得分

从表 4–12 可以看出，LLH1 单株资源的叶部特征的综合得分最高，LLH4 单株资源的叶部特征的综合得分最低。由图 4–1 可以直观看出，LLH1、LLM1、LJW3 这 3 个单株资源的叶部特征的综合得分均较高，其次是 ZHCM3、LSL1、LLM2、XHG2，而 ZHCM6、LLX3、XHG1、LLX1、ZHCM4、LLH4 这 6 个单株资源的叶部特征的综合得分均较低，其余单株得分居于两者之间。根据叶部形态性状观察，发现叶部性状综合得分高的单株资源普遍具有以下特点：一是叶面积大，如 LLH1、XHG2、LSL1 这 3 个单株资源的叶面积均在 60 cm^2 以上，其中 LLH1 单株叶面积在所有资源中最大，达 66.44 cm^2；二是叶身普遍平或稍卷，而叶部性状综合得分低的资源普遍显现出叶较小、叶身内折。

由于桂林特色茶树资源数量庞大，变异丰富，不易对其进行分类筛选。本研究通过主成分分析，得出了一些对其叶片形态影响非常大的形态性状，淘汰了少数参考不大的性状。对叶片形态影响最大的性状是叶长、叶宽和叶面积，其次是叶形、叶面、叶色、叶齿、叶身和叶质，这些形态性状可对今后品种选育和分类研究提供重要参考价值。

（四）基于形态学的聚类分析

利用 SPSS Statistics 23 软件对所观测到的 43 份桂林特色茶树资源的 14 个质量性状和 4 个数量性状进行聚类分析，聚类方法采用类间平均距离连接法，距离系数采用欧式距离平方，聚类结果如图 4–2 所示。由图可知，在欧式距离为 6.5 处，43 份茶树种质资源被聚为 9 个类群（Ⅰ、Ⅱ、Ⅲ、Ⅳ、Ⅴ、Ⅵ、Ⅶ、Ⅷ、Ⅸ）。

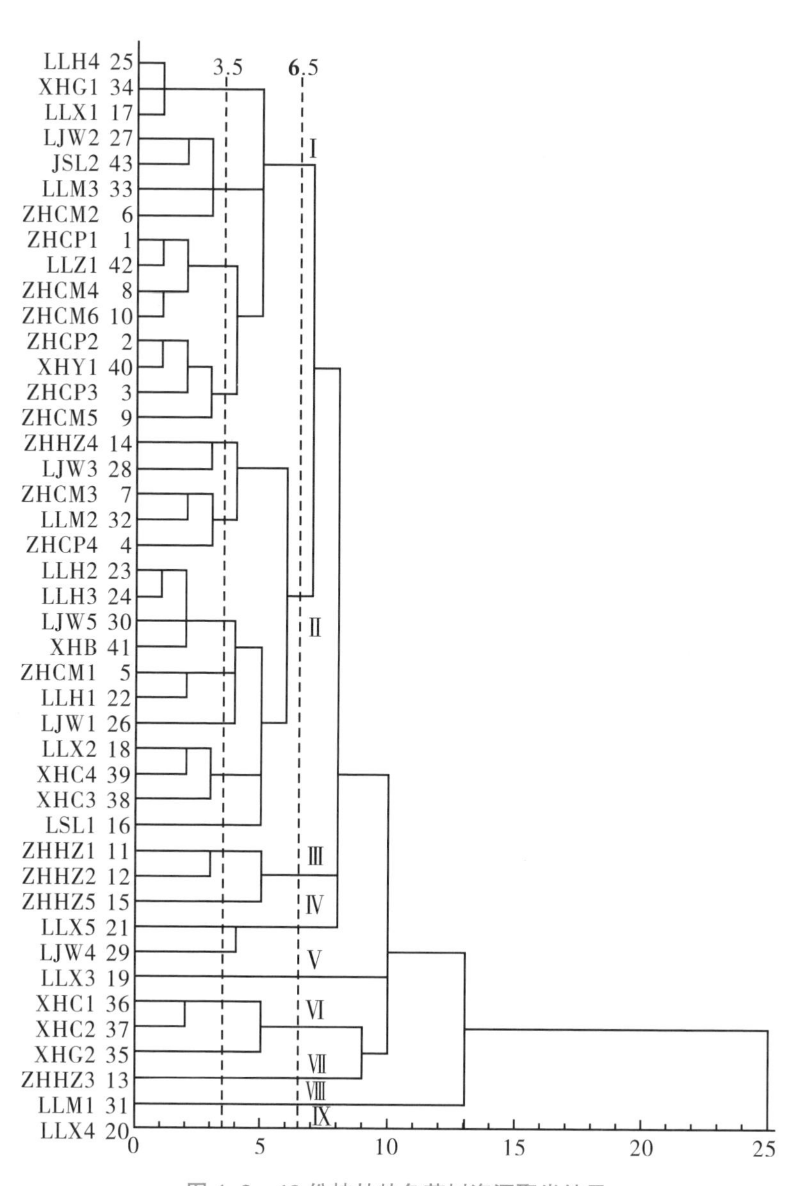

图 4-2　43 份桂林特色茶树资源聚类结果

第Ⅰ类群包括LLH4、XHG1、LLX1、LJW2、JSL2、LLM3、ZHCM2、ZHCP1、LLZ1、ZHCM4、ZHCM6、ZHCP2、XHY1、ZHCP3、ZHCM5共15份资源。这一类群的共同特征是叶长较短、叶宽较窄，叶面积小于40 cm^2，叶面整体较平滑，叶尖均为渐尖，叶身多为内折，叶质硬，叶齿均为锯齿形，叶质中等或硬。在欧式距离为3.5处，又可以把这一大类分为4个亚类，第一亚类包括3份资源：LLH4、XHG1、LLX1，它们的共同特征是叶面平，叶质中等，叶齿均为锯齿形，叶色为绿色或深绿色，叶缘均呈平展状，叶背无茸毛；第二亚类包括4份资源：LJW2、JSL2、LLM3、ZHCM2，它们的共同特征是叶面微隆起，叶质硬，叶齿均为锯齿形，叶色为绿色，叶身均为内折，叶缘均呈平展状，叶背茸毛少；第三亚类包括4份资源：ZHCP1、LLZ1、ZHCM4、ZHCM6，它们的特征在于叶长更短，叶宽更窄，叶面积更小；第四亚类包括4份资源：ZHCP2、XHY1、ZHCP3、ZHCM5，它们的特征是叶形更圆，叶面均为微隆起，叶身稍背卷，叶缘平或微波。

第Ⅱ类群包括ZHHZ4、LJW3、ZHCM3、LLM2、ZHCP4、LLH2、LLH3、LJW5、XHB、ZHCM1、LLH1、LJW1、LLX2、XHC4、XHC3、LSL1共16份资源，它们的共同特征是叶长、叶宽和叶面积整体较第Ⅰ类群更长、更宽、更大，叶质普遍中等或柔软，叶身多为内折，叶齿浅锯齿形或锯齿形。在欧式距离为3.5处，又可以把这一大类分为7个亚类，第一亚类包括2份资源：ZHHZ4、LJW3，它们的共同特征是叶身均为平展，叶齿浅锯齿形，叶质相比该类群其他亚类更硬；第二亚类包括3份资源：ZHCM3、LLM2、ZHCP4，它们不同于该类群其他亚类的特征是叶身平，叶面平；第三亚类包括 4 份资源：LLH2、LLH3、LJW5、XHB，它们不同于该类群其他亚类的特征在于叶形更圆，呈近圆形或椭圆形，叶身内折；第四亚类包括 2 份资源：ZHCM1、LLH1，它们不同于其他亚类的特征在于叶长更长，叶形为披针形或长椭圆形；第五亚类仅有 1 份资源，为 LJW1，它的特征是叶形披针形，叶面隆起，叶身平；第六亚类包括 3 份资源：LLX2、XHC4、XHC3，它们不同于其他亚类的特征在于整体叶宽窄，叶形为披针形，叶质软。第七亚类仅有 1 份资源，为 LSL1，它不同于其他亚类的特征在于叶宽更宽，叶形为椭圆形，叶身稍背卷。

第Ⅲ类群包括 3 份资源：ZHHZ1、ZHHZ2、ZHHZ5，它们的共同特点是叶形长椭圆形或披针形，叶面均为微隆起，叶身均为内折。第Ⅳ类群包括 2 份资源：LLX5、LJW4，它们不同于其他类群的特征在于叶形为椭圆形，叶质均为硬。第Ⅴ类群仅有 1 份资源，为 LLX3，它的特征是叶形长椭圆形，叶面平，叶质中等。第Ⅵ类群包括 3 份资源：XHC1、XHC2、XHG2，它们的共同特征是叶长更长，均大于 14 cm，叶面积总体更大，叶形长椭圆形，叶质柔软。第Ⅶ类群仅有 1 份资源，为 ZHHZ3，它的特征是叶形长披针形，叶色深绿，叶面平，叶身内折。第Ⅷ类群仅有 1 份资源，为 LLM4，它的特征是叶齿重锯齿形，叶色浅绿，叶身稍卷。第Ⅸ类群仅有 1 份资源，为 LLX4，它的特征是叶形长椭圆形，叶色深绿，叶面微隆起，叶身内折，叶尖钝尖。

从以上聚类结果可以看出，相同或相近地理位置茶树资源多聚为同一类中，如以 ZHCP 为编号的茶树资源共 4 份，有 3 份聚在Ⅰ类中，占比 75%；以 LLH 为编号的茶树资源共 4 份，有 3 份聚在Ⅱ类中，占比 75%；以 XHC 为编号的茶树资源共 4 份，有

3份聚在第Ⅵ类群中，占比75%；以ZHCP和ZHCM为编号的茶树资源共为一个村不同屯的资源共10份，有7份聚在Ⅰ类中，占比70%；以LLX为编号的茶树资源共5份，分别分布在Ⅰ、Ⅱ、Ⅳ、Ⅴ、Ⅸ类中。这表明桂林特色茶树资源有丰富的遗传多样性，且相同或相近地区的资源在遗传上表现出一定的一致性和稳定性。产生的原因可能是茶树为异花授粉植物，繁殖时需要不同个体的杂交，从而使子代基因组中形成丰富的新组合，产生丰富的遗传多样性，同时由于杂交亲本较近，后代在遗传上出现一定的相似性和稳定性。不同地理区域间的资源由于人为干预因素少，茶树资源间基因交流较少，资源间的遗传距离相对较大，因此在聚类上出现了地域差异性。

三、调查与结论

（一）进化程度分析

桂林特色茶树树型主要有乔木型、小乔木型和灌木型3种，以小乔木型居多，占总数的74.4%；树姿主要呈直立状、半开张状和开张状3种，以呈半开张状最多，占总数的83.7%，其次是开张状，占总数的9.3%。大多资源的嫩枝茸毛少。已有研究表明，乔木型茶树是茶树的原始型，灌木型茶树是进化型。对比云南大茶树、江华苦茶，以及从陈亮等对广西十万大山野茶和白牛茶的调查、黄亚辉等对金秀野生大茶树的调查、陈涛林等对柳州融水九万山古茶树资源研究来看，从树型和树姿上判断，桂林特色茶树属较原始型，整体较十万大山野茶和云南大茶树进化，与金秀六巷、白牛等地较原始型野生大茶树相当，与柳州融水九万山古茶树同属原始。从表 4–2 可以看出，桂林特色茶树树高、树幅均较大，基部干径大于 20 cm 的单株占总样本的 53.49%，大于 30 cm 的占 16.28%，其中以 LLH3 号单株的基部干径最大，达到 70.0 cm，其次是 LLX1（38.2 cm）、XHC4（36.3 cm）、LJW3（35.9 cm）、ZHCM1（35.0 cm），这在一定程度上反映了桂林特色茶树资源属较原始型的特性。调查发现，桂林特色茶树资源分布于偏远山区或多为少数民族居住地，交通闭塞，当地老百姓种茶、采茶方式原始粗放，对树干较高的大茶树，采用架梯采摘；或将整根茶树枝条砍下后“掠夺”式采茶；或用刀钩攀甚至砍伐矮化处理，很多茶树都遭受不同程度的砍伐或折断。

从叶片大小形态分析，桂林特色茶树以中叶型资源（20 cm^2 ＜叶面积 ≤ 40 cm^2）为主，占 48.84%，其次为大叶型资源（40 cm^2 ＜叶面积＜ 60 cm^2），占 39.53%，其中 LLH1 号单株叶面积最大，达 66.44 cm^2。大于云南大叶种（平均叶面积 46.67 cm^2）的资源有 18 个、大于阿萨姆种（平均叶面积 48.64 cm^2）的资源有 12 个、大于越南大叶种（平均叶面积 45.95 cm^2）的资源有 18 个，共同特征均为大叶型种。茶树的进化系统表明，大叶型是茶树的原始型，小叶型为进化型，因此，单从叶面积来看，桂林特色茶树资源有很大一部分都较原始。

叶形以长椭圆形最多，其次是披针形，再次是椭圆形，个别为近圆形；叶尖以渐尖为主，个别为钝尖；叶色大多为绿色，少数为深绿色或浅绿色；叶基均为楔形；叶身以内折最多，其次为平展；叶面大部分呈平或微隆起状，少数为隆起状；叶缘大多为平展，少数呈微波状；叶质大多中等，少数为硬或柔软；叶齿多为锯齿形，少数呈浅锯齿形或重锯齿形；叶背茸毛大多较少，少数无茸毛。根据刘宝祥的研究，为适应亚热带森林湿热多雨的特点，茶树的原始型表现为叶大而平滑，叶尖延长，以适于雨水下泻，反之叶小、叶面隆起、波缘、叶尖圆属于茶树的进化型。因此，综合以上对叶面、叶尖、叶缘等性状的分析，桂林特色茶树资源整体上属于较原始类型。

（二）遗传多样性分析

本研究选取 16 个生物学性状对 43 份桂林特色茶树资源进行多样性分析，12 个质量性状的多样性指数为 0.11 ～ 0.94，平均为 0.62；4 个数量性状的多样性指数为 1.73 ～ 2.08，平均为 1.95，表现出丰富的遗传变异性。从变异系数来看，12 个质量性状的变异系数为 7.45% ～ 54.50%，平均为 27.19% ；4 个数量性状的变异系数为 14.90% ～ 31.56%。季鹏章等统计的云南野生茶树、阿萨姆茶及大理茶，变异系数和多样性指数均高于高立零等统计的贵州姑管野生茶树，表明桂林特色茶树具有丰富的遗传多样性。各形态性状的变异系数与多样性指数在同一性状上的表现存在较大差异，例如叶宽的变异系数为 17.03%，在所有数量性状中较低，但其多样性指数为 2.08，处于较高水平。叶齿的多样性指数为 0.62，在所有质量性状中较低，但其变异系数为 54.50%，远高于最低水平。出现这种差异的原因可能是因为变异系数主要反映各性状的变异程度，而多样性指数不仅反映各性状的变异程度，还反映不同表型性状等级和数量的分布，因此在研究遗传多样性时两者应综合考虑。

第五章 茶树资源遗传多样性与亲缘关系的 ISSR 研究

一、ISSR 分子标记技术的应用

桂林特色茶树资源遗传多样性与亲缘关系研究的遗传标记方法主要有形态标记、细胞标记、生化标记和分子标记。形态标记即植物外部特征标记，方法简单直观，是作物种质资源鉴定与评价研究的常用方法，但存在标记计数少、多态性差、易受环境条件影响等缺陷。细胞标记主要是染色体核型（染色体数目、大小、随体、着丝点位置等）和带型（C 带、N 带、G 带等），标记数量有限。生化标记主要包括同酶和贮藏蛋白，经济方便，但标记数量有限。分子标记是以个体间遗传物质内核苷酸序列变异为基础的遗传标记，是基因组 DNA 变异水平的直接反映，多态性好，遗传稳定性高，不受环境条件影响。因此，分子标记是现阶段作物资源遗传多样性与亲缘关系研究的主流方法。

目前，分子标记技术主要分 AFLP、RAPD、SSR 和 ISSR 等技术。ISSR 是一种基于 PCR 技术的分子标记，通过检测不同物种 SSR 位点间的序列长度来判断其多态性，与 AFLP、RAPD 和 SSR 等分子标记技术相比，ISSR 技术多态性丰富，稳定性强，操作简单，相对成本较低，适用于亲缘关系较近的种质资源标记，广泛应用于作物种质资源鉴别和遗传多样性分析等方面。ISSR 分子标记技术在茶树资源遗传多样性、亲缘关系分析及品种指纹图谱鉴别等方面也有较多应用。刘彤等发现柳州九万山野生茶树单株资源中大多数单株聚类较近，遗传背景相对一致，亲缘关系较近。孙雪梅等发现云南茶树地方品种与野生茶树之间的亲缘关系与地理分布没有明显的关系，与其品种类型有一定关系。彭靖茹等研究发现广西德保县和隆林各族自治县的野生茶树种质起源相近，与我国其他各省份的名优栽培种茶树亲缘关系较远。林郑和等从 40 条引物中筛选出 15 条多态性较好的引物对我国 39 个茶树种质资源进行遗传多样性分析，结果共扩增出 143 个位点，其中多态性位点 131 个，多态率高达 91.60%。39 个茶树种质资源表现出较长的遗传距离（0.21 ～ 0.95），说明其遗传距离较远、亲缘关系差异较大。茶树品种慢奇兰与竹叶奇兰遗传距离最近、差异性较小；而崇庆枇杷茶与英红 1 号遗传距离最远、差异性较大。聚类分析将 39 个种质资源划分为三大类，其中崇庆枇杷茶与英红 1 号属于原始类型资源，归为一类；九龙珠与黄龙属于较原始类型，归为一类；其余 35 个种质资源归为一类。黄福平等用 14 条 ISSR 引物及 20 条 RAPD 引物，首次对茶树回交 1 代群体的分离模式进行了初步研究，将符合 3∶1 和 1∶3 分离比例的 126 个 RAPD 和 ISSR 标记构建为“福鼎大白茶”回交 1 代分子连锁遗传图谱，其中 62 个分子标记被归纳到 7 个连锁群。可见，ISSR 作为一种信息量高、重演性好的分子标记，对茶树遗传多样性和亲缘关系分析的研究，以及建立指纹图谱以鉴别品种均有明显优势，并在研究和应用中取得了一定进展。

二、遗传多样性与亲缘关系研究

桂林有大量的特色茶树资源，主要分布在临桂—龙胜—资源—兴安区域带和荔浦—恭城区域带。调查研究发现，茶树形态标记变异系数较大，具有丰富的变异特征，是茶树种质资源创新与品种选育的重要材料。本研究基于 ISSR 分子标记技术对桂林

50份特色茶树资源的遗传多样性与亲缘关系进行研究，以期全面了解其基因特征，为桂林茶树种质资源评价与鉴定、种质资源筛选、资源保护与利用等提供参考。

（一）材料与方法

1. 材料。本研究以桂林特色茶树资源为研究对象，在实地考察的基础上根据形态差异选取有代表性的单株50份，另外选取12份茶树良种作为对照（表5-1）。

表5-1　供试茶树资源（品种、单株）名称及来源

材料编号	品种或单株名称	原产地
LLB1、LLZ1、LSL1、ZBM1、ZBM2、LLX1～LLX5、ZHHZ1～ZHHZ5、LLH1～LLH4、LLM1～LLM3、LJW1～LJW5、ZHCP1～ZHCP4、ZHCM1～ZHCM6、XHG1、XHG2、XHC1～XHC4、XHY1、XHB1、JLS1～JLS3、JSL1、JLS2	桂林特色茶树单株	广西桂林
DG	丹桂	福建
JX	金萱	台湾
RM	瑞茗	福建
HD	黄旦	福建
HQ1	花秋1号	四川
FDDB	福鼎大白	福建
JKZ	鸠坑种	浙江

续表

材料编号	品种或单株名称	原产地
YSXL	尧山秀绿	广西
LYBM	凌云白毫茶	广西
HQHD	花秋与黄旦杂交品系	广西
GX22	桂香22号	广西
FY6	福云6号	福建

2. 方法。一是基因组 DNA 提取步骤（CTAB 法）。2018 年秋季分别采集上述供试特色茶树资源，新鲜无损害，成熟叶采用黄建安等的改良 CTAB 法对茶树基因组 DNA 进行提取，加入 100 ～ 400 μL 的 1 × TE buffer 或 ddH_2O 溶解 DNA，4 ℃条件下保存备用。

二是 PCR 扩增。参照已有茶树 ISSR-PCR 体系，反应体系总体积为 20 μL，PCR 反应体系见表 5-2。

表 5-2　PCR 反应体系

成分	体积（μL）	浓度
2×Drem Taq mix试剂	10	1×
内参引物（10 μM）	1	0.5 μM
无菌无酶水	6	
模板 gDNA（20 ng/μL）	3	60 ng
总反应体积	20	

PCR 扩增程序为 94℃预变性 5 min 后进入下述循环：94℃变性 30 s，46.1 ～ 52℃退火 45 s，72℃延伸 90 s，循环 35 次，最后 72℃延伸 5 min。PCR 扩增产物在 2.00% 的琼脂糖凝胶电泳检测。

三是数据处理。条带统计采用人工读取凝胶成像图谱上的条带，电泳图上有条带且清晰较亮的记为“1”，电泳图上没有条带或条带较暗不清晰的记为“0”。通过该统计方法将全部条带记录为“0”“1”矩阵。使用 NTSYSpc-2.10e 软件分析供试材料的 Jaccard 相似系数，然后根据相似系数与遗传距离绘制茶树亲缘关系树状图，并通过树状图进行比对分析。

（二）分析与研究

1.PCR 扩增结果。选用 13 条扩增性好的 ISSR 引物对 62 份供试材料进行扩增，共扩增出 223 条谱带，扩增出的条带大小为 100 ～ 2000 bp，其中多态性条带共 210 条，多态性百分率为 94.17%（表 5-3）。从单个引物扩增得到的条带数看，引物 UBC 854 扩增得到的条带数最少，为 13 条；引物 UBC 815 扩增得到的条带最多，为 22 条。13 个引物扩增得到的条带平均为 17.15 条，每条引物扩增条带多态性百分率为 71.43% ～ 100.00%。表明该茶树资源基因组 DNA 的多态性较高、基因型库丰富。图 5-1 至图 5-6 分别是不同 ISSR 引物对 50 份桂林特色茶树单株扩增后的电泳图。

表 5-3　ISSR 引物及其扩增条带的多态水平

引物序号	序列	退火温度（℃）	扩增条带（条）	多态性条带（条）	多态性百分率（%）
UBC815	$(CT)_8G$	47.5	22	21	95.45
UBC822	$(TC)_8A$	48.6	15	14	93.33
UBC843	$(CT)_8RA$	52.0	17	16	94.12
UBC844	$(CT)_8RC$	52.0	18	16	88.89
UBC845	$(CT)_8RG$	52.0	18	18	100.00
UBC853	$(TC)_8RT$	52.0	18	18	100.00
UBC854	$(TC)_8RG$	46.1	13	13	100.00
UBC864	$(ATG)_6$	50.5	17	16	94.12
UBC873	$(GACA)_4$	52.0	17	16	94.12
UBC879	$(CTTCA)_3$	46.1	20	20	100.00
UBC892	TAG ATC TGA TAT CTG AAT TCC C	47.5	18	18	100.00
UBC895	AGA GTT GGT AGC TCT TGA TC	47.5	16	14	87.50
UBC899	GAT GGT TGG CAT TGT TCC A	46.4	14	10	71.43
总计			223	210	94.17
平均数			17.15	16.15	

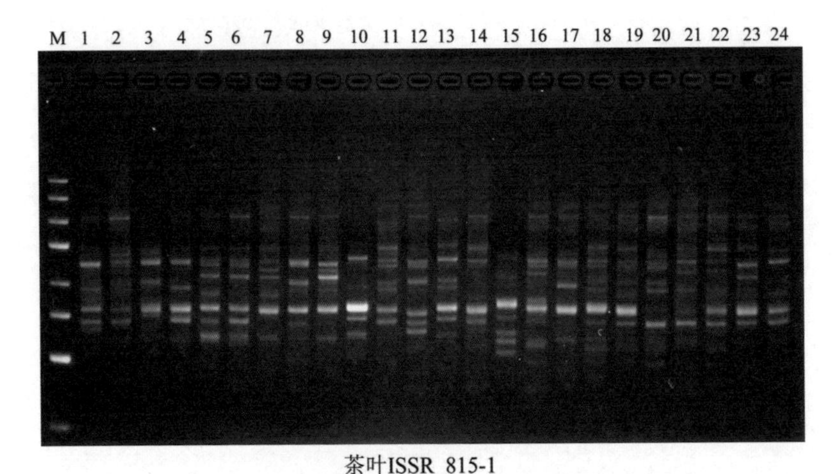

图 5-1 引物 815 对 24 份茶树单株基因组 DNA 的扩增

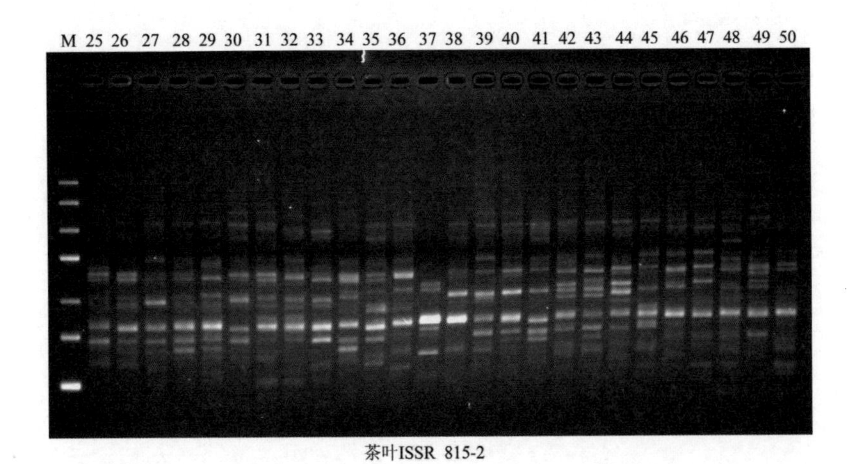

图 5-2 引物 815 对 26 份茶树单株基因组 DNA 的扩增

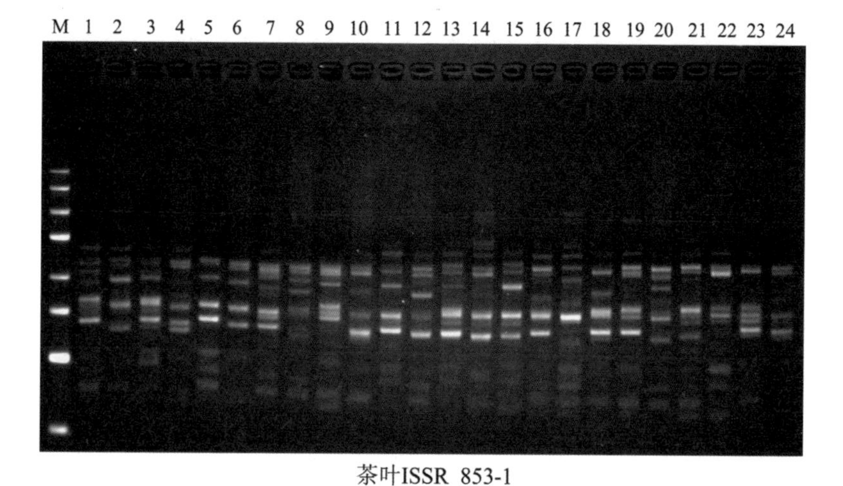

图 5–3　引物 853 对 24 份茶树单株基因组 DNA 的扩增

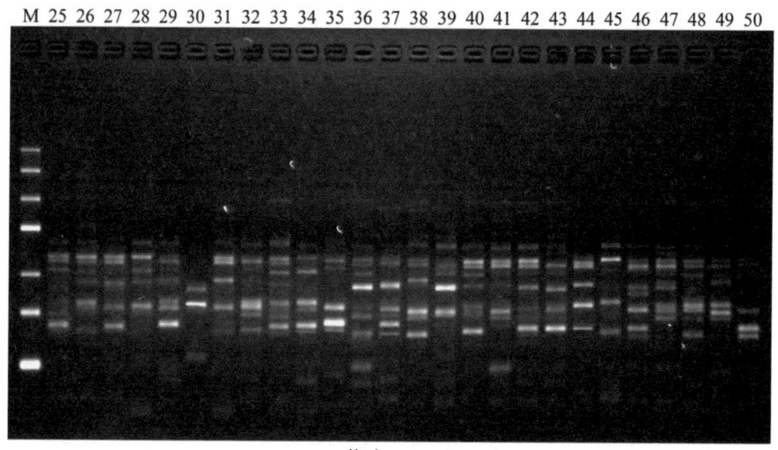

图 5–4　引物 853 对 26 份茶树单株基因组 DNA 的扩增

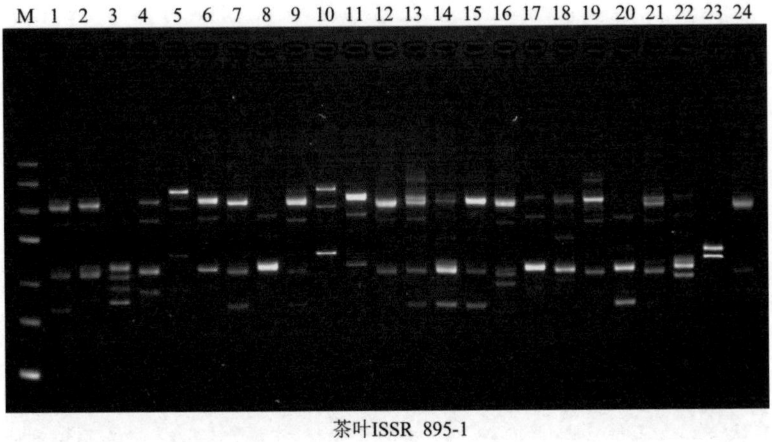

M 1 2 3 4 5 6 7 8 9 10 11 12 13 14 15 16 17 18 19 20 21 22 23 24

茶叶ISSR 895-1

图 5-5　引物 895 对 24 份茶树单株基因组 DNA 的扩增

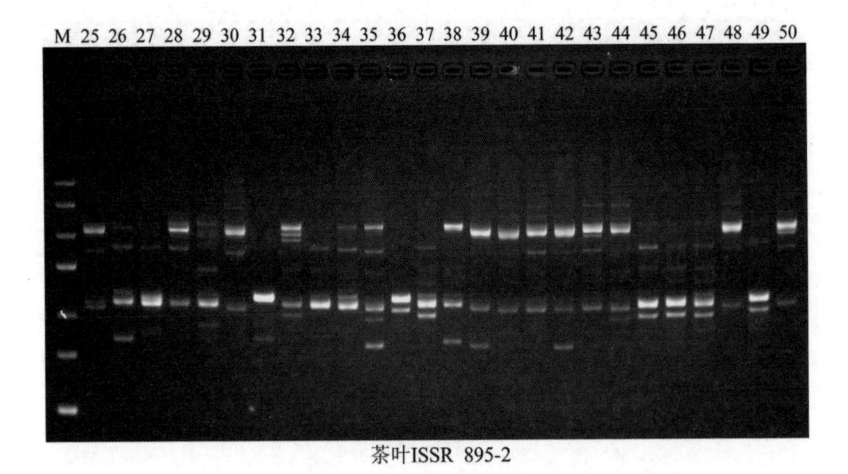

图 5-6　引物 895 对 26 份茶树单株基因组 DNA 的扩增

2. 聚类分析结果。软件分析得出 62 份试验样品的 Jaccard 相似系数为 0.61 ～ 0.86，平均值为 0.73。62 份样品在相似系数为 0.73 处被分为六大类群（图 5–7）。

从图 5–7 可看出，第Ⅰ类群共 48 个单株，其中特色茶树资源有 46 个，占总单株的 95.8%。在相似系数为 0.77 处可将第Ⅰ类群分为 10 个亚类：第Ⅰ亚类是来自同一个地方的 ZHCP1 和 ZHCP2，共 2 个单株；第Ⅱ亚类是来自相近或相同地方的 ZHCP3、ZHCM1、ZHCM3、ZHCM5、ZHCM2，共 5 个单株；第Ⅲ亚类有 ZHCP4 和 FY6，共 2 个单株；第Ⅳ亚类包含 ZHCM4、ZHCM6、LLH2、LLH3、LLM1、LLH4、JLS3、ZHHZ1、LLX1、ZHHZ2、ZHHZ3、LLX3、LLX2、XHY1、LLX4、XHC2、XHC3、XHB1、JSL2、LLZ1、JLS2、JSL1、DG，共 23 个单株，这一类单株以龙胜、资源交界区域为主，占比 56.5%；第Ⅴ亚类包括 ZHHZ4、LLH1、XHC1，共 3 个单株；第Ⅵ亚类为相近区域的 LJW1、LJW3、LJW2、LLM2、LLM3，共 5 个单株；第Ⅶ亚类包括 ZBM1、LJW4、JLS1、LJW5、ZBM2，共 5 个单株；第Ⅷ～Ⅹ亚类均仅有 1 个单株，分别是 LLX5、XHG1 和 LSL1。第Ⅱ类群仅有 1 个单株，为 JX。第Ⅲ类群包含 RM、HD、HQ1、FDDB、JKZ、YSXL、HQHD、GX22、LLB1，共 9 个单株。第Ⅳ类群仅有 1 个单株，为 XHG2。第Ⅴ类群有 XHC4 和 LYBM，共 2 个单株。第Ⅵ类群仅有 1 个单株，为 ZHHZ5。从整体上看，相同或相近区域的茶树单株聚类较集中，说明桂林特色茶树遗传相对稳定，其遗传背景具有相似性。从亚类上看，不同区域单株有部分共聚类在一起，同一个区域单株分别聚在不同的群类中，说明桂林特色茶树具有丰富的遗传多样性。

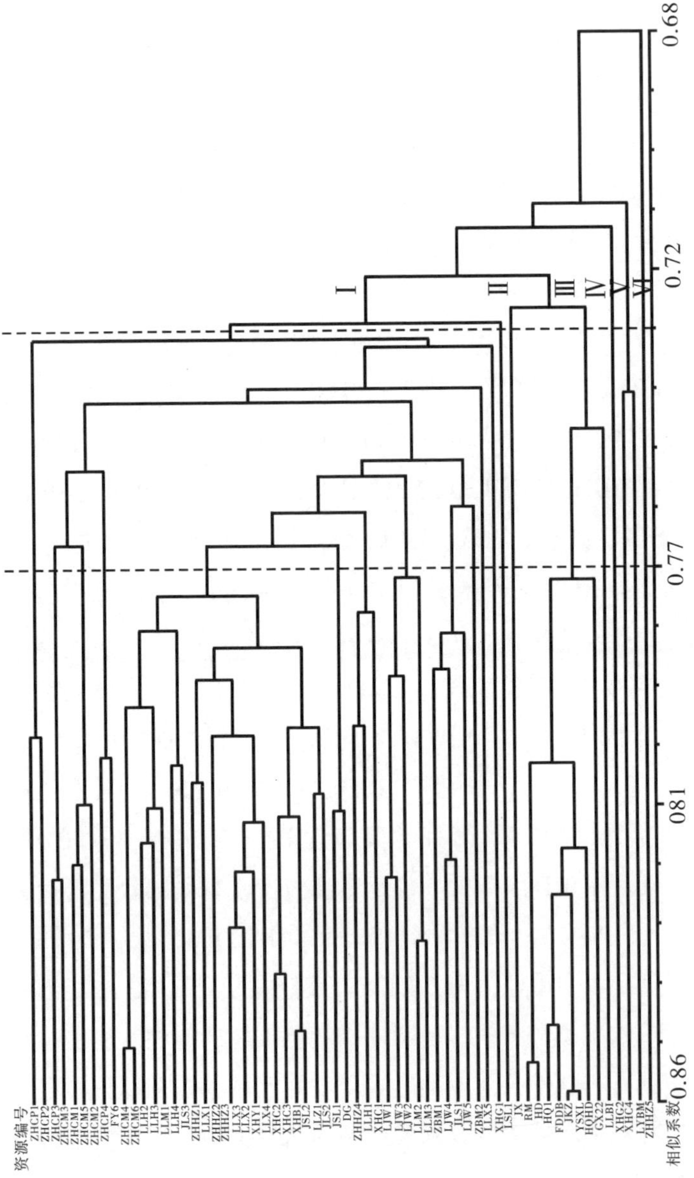

图 5-7 62 份样品聚类分析结果

（三）调查与结论

遗传多样性的研究可用于调查植物居群的交配系统及居群个体间彼此的分化或亲近程度，有助于合理制定植物遗传资源保存和收集的策略。本研究利用 ISSR 标记方法，用 13 条引物对桂林 50 份特色茶树单株资源和 12 份良种资源的遗传多样性进行分析，扩增出 223 条谱带，其中多态性条带 210 条，多态性百分率为 94.17%，表明桂林特色茶树具有丰富的遗传多样性。这可能是因为茶树为异花授粉植物，在长期的进化和种群内不同个体间的相互交流影响下产生了遗传多样性等的特点。

遗传相似系数是用来比较遗传多样性的重要指标。本研究中，各资源间的相似系数为 0.61 ～ 0.86，平均值为 0.73，高于陈林涛等对柳州融水九万山古茶树的研究结果，也高于孙雪梅等对云南茶树地方品种与野生茶遗传多样性的 ISSR 分析研究结果。遗传距离相对短，遗传多样性较低，可能是由于桂林特色茶树资源多集中在龙胜各族自治县—资源县—兴安县一带，区域位置较近，有相似的遗传背景，且存在基因交流现象。

从聚类分析看，特色茶树资源主要集中在第 I 类群，仅包含 FY6 和 DG 两个对照品种，说明大多数特色茶树资源较为原始，与经过人工选育的对照品种存在较大的遗传差异。这可能是因为桂林特色茶树资源长期生长在山区，而该地区大多为原始森林，历史上引进其他茶树资源较少，多为本地品种，受长期山地隔绝和区域环境与人为因素的影响，桂林特色茶树资源与其他茶树品种间基因交流较少，形成桂林特色茶树资源遗传学的相似性和稳定性特点。第 II 类群仅有 1 个单株，为 JX，该品种为台湾选育的品种，与大陆选育的品种和桂林特色茶树资源遗传距离较远。第Ⅲ类群包含单株 LLB1 和 8 个对照品种，表明该单株与其他大单株相比进化程度更高。第Ⅳ类群和第Ⅵ类群均仅有 1 个单株，可能是因为地区的海拔高，且处于一个独立的村落中，四周的茶树较少且原始，茶树间基因交流更少，故与其他茶树资源相比，这两个单株的遗传距离更远。第Ⅴ类群有 2 个单株，为 XHC4 和 LYBM，LYBM 是广西百色的本地茶树资源，两者有较近的遗传距离，但是否可以说明广西本地品种之间有相似的遗传基因，还需进一步研究论证。

桂林特色茶树资源是广西特色优势种质资源之一，曾经利用该资源开发出“龙脊茶”“六垌茶”和“修仁茶”等历史贡茶。如今可利用杂交优势原理，通过本研究中 ISSR 标记的结果，筛选出可作为杂交的优势亲本资源进行杂交，可以培育出具有地方区域特色的优势茶树新品种。也可以采用现代分析技术，对桂林特色茶树资源进行单株选育，筛选出优良或特异单株，培育成优势品种，加快对该资源的开发利用。

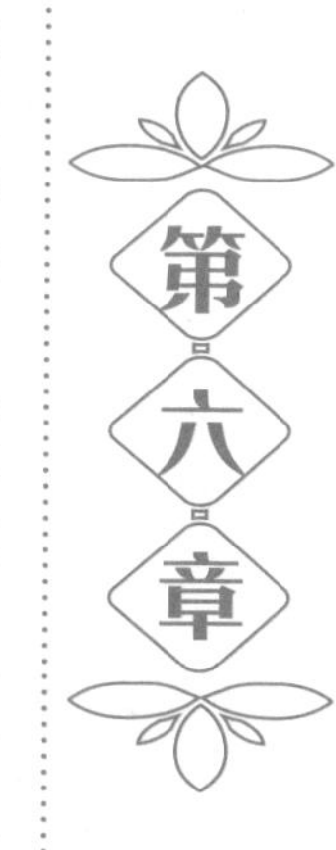

桂林特色茶树资源保护与开发利用

一、桂林特色茶树资源保护建议

调查发现，桂林的特色茶树资源目前大多处于只采不管的状态，不少地方百姓在采摘时一味求多、求快，强采狠采，再加上大多树体较高，有的爬树采摘，树体损伤较为严重，不利于来年生长。有的甚至毁林开垦，或者盗伐贩卖，给珍贵的野生茶树资源造成了极大的破坏。

（1）保护和征集野生茶资源。桂林众多野生茶资源中，不乏优质或性状特异的资源，具有较高的学术研究价值。相关部门应当及时对这些野生茶资源进行分类、收集和保存，保护这些资源在原生区域内长期续存，同时对发现的特殊野生茶树进行有目的的保护和征集。

（2）加大产业扶持力度。对现有规模较大的有潜力的茶叶企业，政府相关部门应在资金、技术等方面进一步扶持，将其培育成真正的实力型龙头企业。

（3）狠抓产品质量，实施品牌战略。实施品牌战略是市场经济竞争的需要，品牌之所以能支撑产业发展，是因为产品获得市场的认可。桂林特色茶树资源基本生长在高海拔地区，无污染，质量安全可靠，内含物也非常丰富，可以抓住这些独特优势，在茶叶加工上下大力气，制作出有特色、品质优的产品，逐渐在消费者中建立起桂林茶的品牌，增强市场竞争力。

不同茶树品种适制不同茶类。依据桂林特色茶树资源不同生长区域、生物学特征及鲜叶内含物质成分等因素，开展绿茶、红茶、六堡茶适制性研究，探索各茶类独特品质形成的机制，优化产品加工工艺，充分发挥茶树自身特点，开发优势产品，促进特色茶树资源开发与保护，推动茶产业的高质量发展。

二、绿茶产品适制性研究

（一）三地绿茶品质研究

1. 材料与方法。以 2015 年 4 月初采摘桂林境内生长的特色茶树资源一芽二叶鲜叶为原料，放置在干净的木板上统一摊放 5 h，采用相同型号滚筒杀青，相同型号揉捻机揉捻，以毛火 110℃、足火 90℃进行干燥。采用《茶叶感官审评方法》（GB/T 23776—2018）进行审评。

2. 结果与分析。本研究对桂林龙胜、兴安、修仁三处特色茶树资源进行绿茶适制性加工试验，感官审评结果见表 6-1。修仁茶外形绿润、紧细，香气栗香浓、带花香，滋味鲜醇，综合评分 90 以上，品质、评分与国家绿茶对照种福鼎大白茶相当，适合加工品质较好的名优绿茶。六垌茶、龙脊茶外形墨绿、紧结，香气栗香尚浓或带花香，滋味浓厚、尚醇，主要在外形与滋味未能达到名优绿茶品质的标准，可见这两个品种不适合开发名优绿茶。

表 6-1　绿茶品质感官审评结果

序号	样品名称	制样日期	外形（20%）		汤色（10%）		香气（30%）		滋味（30%）		叶底（10%）		综合评分
			评语	评分	评语	评分	评语	评分	评语	评分	评语	评分	
1	福鼎大白茶（ck）	2015年4月2日	翠绿显毫、紧结	92	黄绿明亮	93	栗香浓郁、持久	93	鲜醇	92	嫩绿明亮、匀齐	93	92.6
2	修仁茶	2015年4月2日	绿润、紧细	90	黄绿尚亮	89	带花香、带高火	89	醇厚	91	黄绿尚亮、匀齐	92	90.2
3	修仁茶	2015年4月8日	绿润、紧细	91	黄绿明亮	94	浓郁、带花香、愉悦	92	鲜醇	92	黄绿亮、匀齐	93	92.4
4	修仁茶	2015年4月11日	绿润、紧细	91	黄绿尚亮	93	栗香、带花香	93	浓厚	89	黄绿亮、尚匀齐	92	91.6
5	六垌茶	2015年4月7日	墨绿、紧结	85	黄绿尚亮	86	栗香、带花香	87	浓厚、尚醇	85	黄绿尚亮、尚匀齐	89	86.4
6	龙脊茶	2015年4月7日	墨绿、尚紧结	84	黄绿尚亮	86	栗香尚浓	88	浓厚、尚醇	84	黄绿尚亮、尚匀齐	88	86.0

（二）分季修仁茶绿茶香气成分含量研究

1. 材料与方法。以修仁茶野生茶一芽二叶鲜叶为原料，放置在干净的木板上统一摊放 5 h，采用相同型号滚筒杀青，相同型号揉捻机揉捻，以毛火 110℃、足火 90℃进行干燥。

生化成分测定：采用系统分析法测定茶色素成分含量；香气成分根据 GC–MS 图谱，通过与计算机检索和 NIST 质谱库提供的标准质谱图进行对照，并参照已发表的质谱图鉴定芳香物质，相对百分含量按峰面积归一化法计算，根据色谱图保留峰面积计算各种香气成分的相对百分含量。

香气成分分析：采用 SPME 萃取方法提取传统干燥样和热风干燥样的香气成分，利用 GC–MS 分离鉴定各香气物质。

2. 结果与分析。由表 6–2 可知，不同季节修仁茶绿茶的香气组分数量一致，但各组分含量存在较大差异。修仁茶绿茶在春季香气含量差异明显，高的组分有顺–已酸–3–已烯酯、香叶醇等，明显低于夏秋季的香气组分有脱氢芳樟醇、顺–β–罗勒烯、β–丁香烯和2–乙烯基–1,1–二甲基–3–亚甲基–环已烷等；夏季修仁茶绿茶含量较高的有顺–β–罗勒烯、脱氢芳樟醇和顺–已酸–3–已烯酯等组分；秋季修仁茶绿茶含量较高的有水杨酸甲酯、脱氢芳樟醇等组分。

表6-2 不同季节修仁茶绿茶的香气成分及其相对含量

序号	名称	相对含量（%）		
		春季	夏季	秋季
1	顺-己酸-3-己烯酯	12.31	5.28	3.89
2	香叶醇	10.55	2.65	3.20
3	苯乙醇	3.89	2.15	2.48
4	氧化芳樟醇II（呋喃型）	3.75	1.71	3.31
5	二甲基戊酸甲酯	3.53	3.12	2.43
6	橄榄醇	3.03	2.91	2.70
7	苯甲醛	3.02	2.85	3.04
8	水杨酸甲酯	2.98	2.58	7.42
9	顺-茉莉酮	2.14	1.64	2.86
10	反-丁酸-3-己烯酯	2.10	0.82	0.73
11	苯乙腈	1.99	1.32	1.71
12	氧化芳樟醇I（呋喃型）	1.93	2.30	3.39
13	壬醛	1.84	2.00	2.51
14	香叶基丙酮	1.68	2.08	1.38
15	β-紫罗酮	1.67	1.45	1.26
16	β-环柠檬醛	1.64	2.21	1.62
17	脱氢芳樟醇	1.63	6.06	6.88
18	二甲硫	1.61	1.71	1.58
19	橙花叔醇	1.51	2.01	1.74

续表

序号	名称	相对含量（%）		
		春季	夏季	秋季
20	3-己烯-1-醇	1.46	0.32	0.42
21	2-乙基-1-己醇	1.36	1.91	1.66
22	反-戊酸-2-己烯酯	1.34	1.31	0.96
23	顺-β-罗勒烯	1.24	7.33	4.47
24	辛酸甲酯	1.19	1.12	0.41
25	β-蒎烯	1.16	0.87	0.96
26	2,3-环氧-β-紫罗酮	1.11	0.61	0.34
27	柠檬烯	1.02	1.73	1.85
28	α-雪松醇	1.00	3.90	0.67
29	β-丁香烯	0.99	2.23	2.11
30	δ-杜松烯	0.94	3.13	2.45
31	辛醇	0.92	0.90	1.10
32	癸醛	0.86	1.05	1.30
33	1-辛烯-3-醇	0.84	0.72	0.82
34	2-乙烯基-1,1-二甲基-3-亚甲基-环己烷	0.76	4.89	2.97
35	6-甲基-5-庚烯-2-酮	0.62	0.88	0.90
36	2-正戊基呋喃	0.58	0.96	1.03
37	α-杜松醇	0.55	1.03	1.12

续表

序号	名称	相对含量（%）		
		春季	夏季	秋季
38	2,3-辛二酮	0.47	0.49	0.56
39	反-2-辛烯醛	0.45	0.37	0.56
40	α-甜旗烯	0.45	0.88	0.50
41	反-β-罗勒烯	0.45	0.69	0.55
42	2,6-二甲基-1,3,5,7-辛四烯	0.43	0.61	0.58
43	顺-3-己烯乙酸酯	0.41	0.20	0.28
44	α-荜澄茄油烯	0.41	0.68	0.51
45	荜澄茄油醇	0.37	0.81	0.68
46	2,6,6-三甲基环己烷酮	0.36	0.54	0.55
47	辛醛	0.35	0.39	0.55
48	α-古巴烯	0.35	0.66	0.59
49	氧化石竹烯	0.34	0.58	0.52
50	庚醛	0.33	0.28	0.33
51	雪松烯	0.31	1.46	0.31
52	2-甲基丁醛	0.26	0.27	0.31
53	β-雪松烯	0.25	0.69	0.36
54	正己醛	0.24	0.26	0.38

三、红茶产品适制性研究

（一）三地红茶品质研究

1. 材料与方法。以 2015 年 4 月中旬采摘桂林龙胜、兴安、修仁三处地方特色茶树资源一芽二叶鲜叶为原料。鲜叶采回后自然萎凋 12 ～ 16 h，萎凋适度后放入 25 型揉捻机中揉 1 h，发酵 3 ～ 5 h，各样品以毛火 110℃、足火 90℃固样烘干。采用《茶叶感官审评方法》(GB/T 23776—2018）进行审评。

2. 结果与分析。感官审评结果表明（表 6–3），三种茶均可加工为红茶，龙胜茶、兴安茶加工的红茶花果香、甜花香浓，滋味鲜醇，综合品质评分超过国家红茶对照种黔湄 809 品种，适合加工成红茶；修仁茶加工成的红茶，总体品质低于国家红茶对照种，且品质没有鲜明特色。

表 6–3　三地红茶品质感官审评结果对照

序号	样品名称	外形	汤色	香气	滋味	叶底	得分
1	黔湄809（ck）	紧结，金毫显露	红亮	甜香浓	鲜醇	红亮，匀整	92
2	修仁茶	紧细，尚润	橙红亮	甜香	浓尚醇	红亮，尚匀	86
3	龙胜红茶	紧结，色泽乌润	红亮	花果香浓	醇和，鲜甜	匀净，尚柔亮	94
4	兴安红茶	红润尚紧细，色泽乌润	红亮	甜花香浓	鲜醇，含香	匀净，柔亮	93

（二）红茶加工工艺研究

1. 材料与方法。供试茶叶鲜叶于 2015 年 4 月中旬采自桂林兴安六垌（兴安县华江瑶族乡黄腊岭一带）山林中生长的野生茶一芽二叶。在六垌工夫红茶加工过程中取样，样品处理分别为萎凋叶、揉捻叶、发酵 1 h、发酵 2 h、发酵 3 h、发酵 4 h 和发酵 5 h，各样品以毛火 110℃、足火 90℃固样烘干，采用《茶叶感官审评方法》（GB/T 23776—2009）进行审评。

生化成分测定：分别参照《茶水浸出物测定》（GB/T 8305—2013）、《茶叶中茶多酚和儿茶素类含量的检测方法》（GB/T 8313—2008）、《茶游离氨基酸总量的测定》（GB/T 8314—2013）和《茶咖啡碱测定》（GB/T 8312—2013）测定六垌工夫红茶水浸出物、茶多酚、游离氨基酸和咖啡碱成分含量；采用系统分析法测定茶色素成分含量；香气成分根据 GC-MS 图谱，通过与计算机检索和 NIST 质谱库提供的标准质谱图进行对照，并参照已发表的质谱图鉴定芳香物质，相对百分含量按峰面积归一化法计算，根据色谱图保留峰面积计算各种香气成分的相对百分含量。

香气成分分析：采用 SPME 萃取方法提取传统干燥样和热风干燥样的香气成分，利用 GC-MS 分离鉴定各香气物质。

2. 分析与研究。一是红茶加工过程中的感官变化。六垌工夫红茶加工过程中的感官审评如表 6-4 所示，随加工工序的进行，样品各项审评因子得分呈上升至峰值再下降趋势，其中在发酵 4 h 时，汤色、香气、滋味、叶底均表现为最好，汤色从黄绿亮逐渐转变为红亮，香气由青草气转为花香、甜香浓，滋味由淡薄转为醇厚、含香，叶底由花杂有红梗转为均匀的亮红色，得分由

74.7 分上升至 92.5 分。

表 6-4　六垌工夫红茶加工过程中的感官审评

样品处理	汤色	香气	滋味	叶底	得分
萎凋叶	黄绿亮	青草气浓	淡薄	花杂，有红梗	74.7
揉捻叶	橙黄亮	有青草气	青涩味重	橙黄，青张	78.3
发酵1h	橙红，尚亮	有花香，带青草气	欠醇	橙红，有青张	79.5
发酵2h	尚红亮	花香尚浓	尚醇	尚红	84.1
发酵3h	红亮	花香尚浓，带甜香	尚醇，含香	红匀，亮	88.6
发酵4h	红亮	花香、甜香浓	醇厚，含香	红匀，亮	92.5
发酵5h	红，尚亮	有花香、甜香	醇厚	红匀，欠亮	90.4

二是红茶加工过程中的主要理化成分变化。水浸出物和茶多酚的变化见图 6-1。在工夫红茶加工过程中，水浸出物含量变化不明显，基本保持在 48.40% ～ 49.70%；茶多酚含量以揉捻叶制成的工夫红茶最高，为 25.40%，在鲜叶发酵过程中逐渐降低，发酵 3 h 后减少趋势变缓。

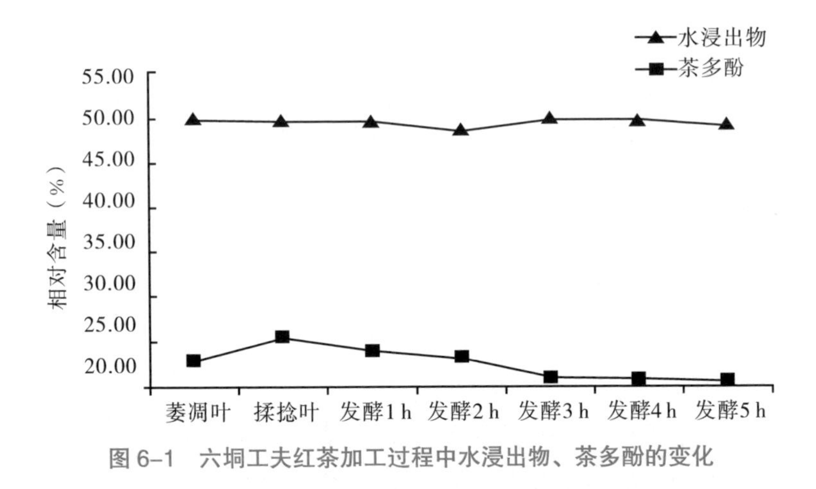

图 6–1　六垌工夫红茶加工过程中水浸出物、茶多酚的变化

三是游离氨基酸和咖啡碱的变化。游离氨基酸对工夫红茶滋味的鲜爽度有重要影响，同时参与香气形成。由图 6–2 可知，游离氨基酸含量在萎凋叶时制成的红茶中最高（5.20%），发酵 1 h 时含量大幅降低，降至 4.30%，之后略有上升，但至发酵 5 h 时再次降低至 4.10%。咖啡碱含量在工夫红茶加工过程中呈平稳下降趋势，总体变化幅度较小。

四是红茶加工过程中茶色素成分变化。由图 6–3、表 6–5 可知，在工夫红茶加工过程中，茶黄素和茶红素含量均呈先升后降的变化趋势。其中茶黄素含量随着鲜叶发酵时间的延长而升高，在发酵 2 h 时达最高值（0.40%），是萎凋叶时的 4.0 倍，发酵 3 h 时含量下降并保持稳定；茶红素含量在发酵 4 h 时达最高值（4.20%），至发酵 5 h 时有所降低。茶褐素含量在红茶加工过程中呈直线上升趋势，在发酵 5 h 时含量为 6.00%，是萎凋叶时（1.30%）的 4.6 倍。

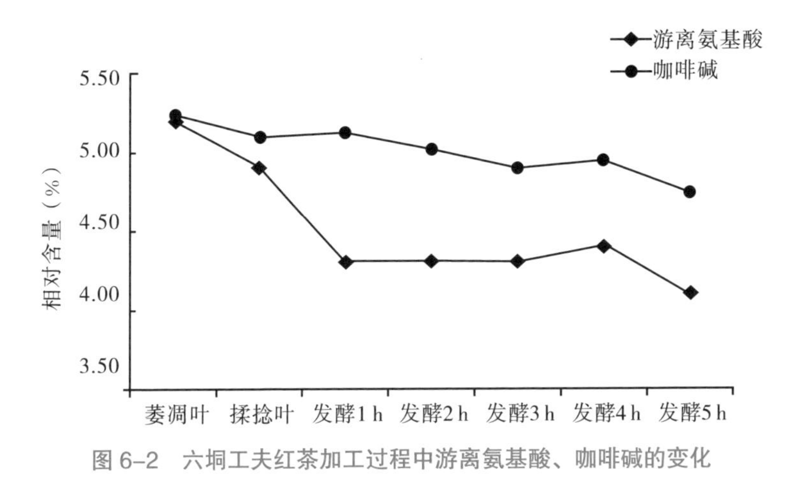

图 6-2　六垌工夫红茶加工过程中游离氨基酸、咖啡碱的变化

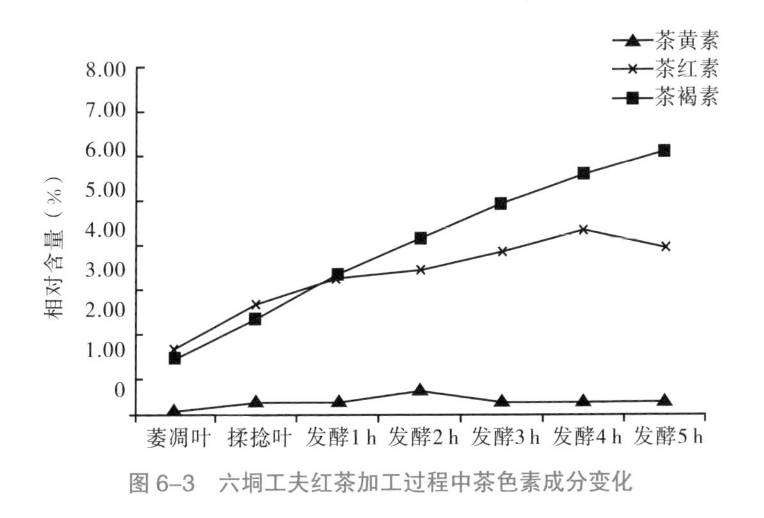

图 6-3　六垌工夫红茶加工过程中茶色素成分变化

表 6-5　六垌工夫红茶加工过程中茶色素的变化

茶色素	萎凋叶	揉捻叶	发酵 1 h	发酵 2 h	发酵 3 h	发酵 4 h	发酵 5 h
茶黄素	0.10%	0.30%	0.30%	0.40%	0.30%	0.30%	0.30%
茶红素	1.50%	2.50%	3.10%	3.30%	3.70%	4.20%	3.80%
茶褐素	1.30%	2.20%	3.20%	4.00%	4.80%	5.50%	6.00%

五是工夫红茶加工过程中主要香气成分分析。由表 6-6 可知，六垌工夫红茶加工过程中主要香气物质有 47 种化合物，其中醇类 15 种，相对百分含量占香气总量的 53.35% ～ 56.29%；醛类 9 种，占香气总量的 7.66% ～ 10.78%；酮类 5 种，占香气总量的 2.62% ～ 3.75%；酯类 6 种，占香气总量的 20.43% ～ 25.07%；碳氢化合物 8 种，占香气总量的 3.55% ～ 5.50%；杂氧化合物 2 种，占香气总量的 2.84% ～ 3.19%；含氮化合物 1 种，占香气总量的 0.49% ～ 0.85%；含硫化合物 1 种，占香气总量的 0.27% ～ 1.00%。随着茶叶鲜叶发酵时间的延长，总体上醇类和碳氢化合物相对百分含量呈降低趋势，醛类和酯类相对百分含量呈上升趋势，酮类和杂氧化合物未表现出明显变化规律。从表 6-6 可看出，醇类组分中，香叶醇和脱氢芳樟醇相对百分含量随发酵时间的延长总体上呈先上升后下降的变化趋势，均以萎凋叶时相对百分含量最低，发酵 4 h 时达最高值（分别为 25.55% 和 1.73%）；β-芳樟醇相对百分含量总体上呈降低趋势，萎凋叶时最高，为 17.64%，发酵 5 h 降至 14.05%，下降了 20.35%；反-橙花叔醇和顺-3-壬烯-1-醇相对百分含量随发酵时间的延长总体上呈先降后升趋势，萎凋叶时相对百分含量分别为 2.09% 和 0.51%，发酵 4 h 相对百分含量最低，分别为 1.20% 和 0.36%，之

后开始上升，到发酵 5 h 时分别为 1.48% 和 0.39%。醛类组分中，壬醛和3,7–二甲基–2,6–二辛烯醛相对百分含量随发酵时间的延长总体上呈先升高后降低的变化趋势，其中壬醛在发酵 3 h 时达最高值（1.36%），3,7–二甲基–2,6–二辛烯醛在发酵 4 h 时达最高值（1.15%）；反–2–反–4–庚二烯醛相对百分含量变化表现为先降后升再降。酮类组分有β–紫罗酮、α–紫罗酮、顺–茉莉酮、3,5–辛二烯–2–酮和反,反–3,5–辛二烯–2–酮，但在各加工阶段含量变化不明显。酯类组分中，主要成分为水杨酸甲酯，其相对百分含量总体呈上升趋势，且增加明显，由萎凋叶时的 15.93% 上升至发酵 5 h 时的 21.44%，增加了 34.59%。碳氢化合物中，相对百分含量降低幅度较大的是月桂烯和顺–β–罗勒烯。杂氧化合物中，2–乙酰基呋喃相对百分含量总体呈先上升后下降的变化趋势，发酵 4 h 时达最高值（2.76%）。结合感官审评，发酵 4 h 样品制成的红茶主要香气成分有香叶醇（25.55%）、水杨酸甲酯（20.55%）、β–芳樟醇（14.75%）、苯乙醛（5.14%）、2–乙酰基呋喃（2.76%）、苯乙醇（2.19%）、氧化芳樟醇Ⅱ（2.04%）、脱氢芳樟醇（1.73%）、顺–己酸–3–己烯酯（1.54%）、α–萜品醇（1.40%）、氧化芳樟醇Ⅰ（1.23%）和反–橙花叔醇（1.20%）等。

表 6-6　六垌工夫红茶加工过程中主要香气成分的变化

化合物名称		相对含量（%）						
		萎凋叶	揉捻叶	发酵1 h	发酵2 h	发酵3 h	发酵4 h	发酵5 h
醇类	香叶醇	23.01	24.00	24.55	24.60	25.10	25.55	24.33
	氧化芳樟醇Ⅰ（呋喃型）	1.41	1.26	1.27	1.25	1.18	1.23	1.10
	氧化芳樟醇Ⅱ（呋喃型）	3.65	3.62	3.57	3.51	3.03	2.04	3.13
	环氧芳樟醇（双花醇）	0.22	0.40	0.24	0.27	0.37	0.39	0.32
	β-芳樟醇	17.64	15.67	15.63	15.30	14.99	14.75	14.05
	脱氢芳樟醇	1.17	1.61	1.64	1.68	1.71	1.73	1.62
	反-橙花叔醇	2.09	1.82	1.71	1.38	1.20	1.20	1.48
	苯乙醇	1.88	1.83	1.78	1.87	1.99	2.19	1.83
	壬醇	1.01	0.83	0.97	1.19	1.41	1.06	1.19
	橙花醇	0.98	1.17	1.11	1.14	1.23	1.03	1.13
	辛醇	0.77	0.62	0.60	0.73	0.78	0.80	0.62
	顺-3-壬烯-1-醇	0.51	0.45	0.44	0.42	0.37	0.36	0.39
	2-乙基-1-己醇	0.45	0.65	0.30	0.50	0.52	0.54	0.58
	苯甲醇	0.38	0.54	0.34	0.48	0.48	0.50	0.47
	α-萜品醇	1.12	1.51	1.15	1.01	0.94	1.40	1.11
小计		56.29	55.98	55.30	55.33	55.30	54.77	53.35

续表

化合物名称		相对含量（%）						
		萎凋叶	揉捻叶	发酵1 h	发酵2 h	发酵3 h	发酵4 h	发酵5 h
醛类	苯乙醛	2.78	4.39	3.58	4.90	4.31	5.14	5.36
	反-2-反-4-庚二烯醛	1.13	0.64	1.22	1.13	1.41	1.07	0.93
	壬醛	0.86	0.70	1.12	1.22	1.36	1.20	1.05
	3,7-二甲基-2,6-二辛烯醛	0.69	0.72	0.84	0.76	0.89	1.15	0.90
	正己醛	0.61	0.34	0.55	0.66	0.72	0.72	0.57
	反式-2-己烯醛	0.43	0.36	0.35	0.49	0.50	0.47	0.38
	顺-2-壬烯醛	0.41	0.32	0.47	0.51	0.52	0.32	0.40
	顺-柠檬醛	0.40	0.44	0.34	0.35	0.36	0.41	0.36
	2-甲基丁醛	0.35	0.34	0.47	0.44	0.46	0.30	0.37
小计		7.66	8.25	8.94	10.46	10.53	10.78	10.32
酮类	3,5-辛二烯-2-酮	0.72	0.53	0.59	0.69	0.75	0.78	0.75
	顺-茉莉酮	0.71	0.76	0.45	0.44	0.48	0.40	0.37
	反,反-3,5-辛二烯-2-酮	0.44	0.43	0.36	0.39	0.48	0.40	0.40
	α-紫罗酮	0.36	0.65	0.33	0.27	0.50	0.43	0.33
	β-紫罗酮	1.06	1.38	0.89	0.95	1.22	1.11	1.45
小计		3.29	3.75	2.62	2.74	3.43	3.12	3.30

续表

化合物名称		相对含量（%）						
		萎调叶	揉捻叶	发酵1 h	发酵2 h	发酵3 h	发酵4 h	发酵5 h
酯类	顺-己酸-3-己烯酯	2.94	2.22	1.63	1.48	1.48	1.54	1.55
	反-戊酸-2-己烯酯	1.43	1.49	1.13	0.77	0.86	0.78	0.86
	己酸己酯	1.40	1.01	0.60	0.57	0.57	0.41	0.41
	香叶酸甲酯	0.51	0.37	0.29	0.31	0.24	0.24	0.52
	乙酸苯乙酯	0.44	0.58	0.49	0.46	0.58	0.31	0.29
	水杨酸甲酯	15.93	16.98	17.68	18.65	19.80	20.55	21.44
小计		22.65	22.65	21.82	22.24	23.53	23.83	25.07
碳氢化合物	顺-β-罗勒烯	1.06	1.03	1.05	1.06	0.98	0.71	0.69
	月桂烯	1.41	1.42	1.68	1.65	1.50	1.09	1.00
	反-β-罗勒烯	0.66	0.57	0.76	0.66	0.68	0.47	0.44
	柠檬烯	0.62	0.52	0.53	0.57	0.54	0.41	0.35
	萘	0.44	0.70	0.52	0.32	0.41	0.52	0.49
	2,6-二甲基-1,3,5,7-辛四烯	0.41	0.23	0.44	0.24	0.35	0.20	0.28
	萜品油烯	0.21	0.21	0.18	0.25	0.21	0.15	0.13
	α-法尼烯	0.69	0.77	0.21	0.17	0.24	0.29	0.17
小计		5.50	5.45	5.37	4.92	4.91	3.84	3.55

续表

化合物名称		相对含量（%）						
		萎凋叶	揉捻叶	发酵1 h	发酵2 h	发酵3 h	发酵4 h	发酵5 h
杂氧化合物	2-乙酰基呋喃	2.10	2.25	2.29	2.32	2.36	2.76	2.69
	2-正戊基呋喃	0.80	0.71	0.55	0.59	0.58	0.31	0.50
小计		2.90	2.96	2.84	2.91	2.94	3.07	3.19
1-乙基-2-甲酰吡咯		0.70	0.68	0.49	0.78	0.52	0.79	0.85
二甲硫		1.00	0.27	0.69	0.54	0.47	0.31	0.36

3. 小结与讨论。本研究中，揉捻叶的茶多酚含量最高，之后逐渐降低，可能是茶叶揉捻时叶细胞破碎，叶片中各种物质发生酶促氧化作用，生成茶红素和茶黄素类，且部分多酚类及其氧化物与蛋白质结合生成沉淀，故此时茶多酚含量有所升高；随着发酵的进行，茶多酚和氨基酸含量逐渐降低，与游小妹等、刘淑娟等的研究结果一致。当六垌茶叶发酵至 4 h 时，氨基酸不断氧化分解生成醛类和一些聚合物等物质，导致香气中的醛类组分含量增加，氨基酸总量呈现快速下降趋势，而多酚类变化平缓。氨酚比例的失调，直接影响茶汤的滋味，降低茶叶品质。反映红茶品质的另外 2 个重要因子是茶黄素和茶红素含量，与红茶品质呈正相关关系。茶黄素和茶红素含量在六垌工夫红茶加工过程中均呈先升后降趋势。由于萎凋叶在揉捻过程中叶细胞破损，多酚类物质与多酚氧化酶及空气充分接触而发生一系列酶促氧化反应，茶黄素和茶红素含量快速上升，当发酵 2 h 和 4 h 时二者含量分别

达最高值，之后降低，与游小姝等、尹杰等的研究结果一致。茶褐素是儿茶素氧化聚合形成的一类结构十分复杂的产物总称，茶褐素在六垌工夫红茶加工过程中呈直线上升趋势，对红茶品质有负面影响。茶黄素、茶红素和茶褐素之间的含量关系直接反映红茶品质的高低，因此如何通过研究三者含量比例和建立数学模型，以判断红茶发酵适度和提高红茶高制优率有待进一步探究。

香气是衡量茶叶品质的重要因子，研究红茶加工过程中香气形成机制，促进香气前体物质的适度转化，对改善红茶品质有重要意义。萎凋是红茶香气形成的基础，发酵是香气形成的关键。本研究结果表明，六垌工夫红茶香气组分种类萎凋叶与发酵叶相同，含量有所差异，发酵 4 h 前，水杨酸甲酯、香叶醇、脱氢芳樟醇、苯乙醇、苯乙醛等具有甜香、玫瑰香和玉兰花香的香气成分增加，顺–己酸–3–己烯酯、顺–3–壬烯–1–醇等具有青草气和粗青气的香气成分不断减少。红茶发酵 4 h 时前者组分含量与后者组分含量比值达到最高，此时红茶香气品质较好。

香气也是决定茶叶品质与风味的重要因素。方维亚和陈萍对不同地区红茶特异性香气成分进行比较，发现安徽祁红和福建金骏眉表现出以香叶醇为主体的玫瑰花香，云南滇红和广东英德红茶表现出以芳樟醇为主的花果香、甜香，印度和斯里兰卡红茶表现出以水杨酸甲酯为主的似薄荷冬青香气。六垌工夫红茶香气成分含量较高的有香叶醇、水杨酸甲酯、芳樟醇及其芳樟醇氧化物、苯乙醛、2–乙酰基呋喃、苯乙醇等，这些化合物是具有玫瑰花香、甜花香、带冬青香的主要物质基础。结果表明，六垌工夫红茶香气具有安徽祁红、福建金骏眉，云南滇红、广东英德红茶，印度、斯里兰卡红茶的风格，是这三类红茶的综合表现。

广西六垌野生工夫红茶具有玫瑰花香、甜花香、略带冬青香的品质特征，以发酵 4 h 的红茶品质最佳。

四、六堡茶产品适制性研究

（一）三地六堡茶品质研究

1. 材料与方法。以 2017 年 4 月下旬采自桂林兴安六垌、龙胜龙脊、荔浦修仁三个地方的野生茶树一芽二叶、三叶为原料。六堡茶毛茶按如下流程加工：采摘修仁茶鲜叶一芽二叶或三叶→摊放→杀青（嫩杀，带红梗叶）→揉捻（趁热揉捻，1 h 左右）→渥堆（约 15 h）→烘干（烘至九成干即可）→六堡茶毛茶。六堡茶成品按如下流程加工：六堡茶毛茶→蒸制→渥堆→解块→摊干→蒸压→在阴凉干爽、无异杂气味、无虫害的环境条件下存放。采用《茶叶感官审评方法》(GB/T 23776—2018）进行审评（表 6–7）。

2. 结果与分析。感官审评结果表明，三种茶均可制六堡茶，其品质均高于同年份商品的特级六堡茶，且三种茶品质各有特色。修仁茶为中小叶种，所制六堡茶外形紧细，红、浓、醇兼备；六垌茶为中叶种，所制六堡茶外形紧细，红、浓、醇兼备；龙脊茶为大叶种，有特有的大叶种六堡茶风格，易产生槟榔香，红、浓、陈、醇兼备。

表 6-7　三地六堡茶感官审评结果对照

茶样品	外形	汤色	香气	滋味	叶底	得分
特级六堡茶（一年）	紧细，色泽红褐，匀净	尚浓、红亮	纯正	尚浓爽	红褐柔亮	91
兴安六垌六堡茶（一年）	尚紧细，色泽红褐，匀净	尚浓、红亮	纯正	浓尚爽	红褐柔尚亮	92
龙胜龙脊六堡茶（一年）	欠紧细，色泽红褐、润	浓、红亮	陈香尚浓，带槟榔香	浓醇、尚爽	红褐尚亮	93
荔浦修仁六堡茶（一年）	紧细，色泽红褐，匀净	尚浓、红亮	纯正	尚浓爽	红褐柔亮	92

（二）晒青六堡茶毛茶感官品质对比试验

1. 材料与方法。以广西茶叶科学研究所试验基地和桂林县份产区同品种、同等嫩度、同一季节一芽三叶茶树鲜叶为原料。采用摊青、杀青、揉捻、干燥等工序加工成毛茶，采用《茶叶感官审评方法》(GB/T 23776—2018）进行审评。设计以下试验方案：

不同干燥方式对比试验：比较 3 cm 摊叶厚度下不同干燥方式对晒青六堡茶毛茶品质的影响，以直接露天日晒、萎凋棚晾晒、萎凋棚晾晒的同时辅以全程鼓风及提香机 70℃干燥的 4 个处理，分别记作 1–1、1–2、1–3、1–4。

萎凋棚内不同晾晒时间对比试验：以 1 cm 摊叶厚度分别在萎凋棚内晾晒 2 h、3 h、4 h，后以提香机 70℃干燥至足干的 3 个处理，分别记作 2–1、2–2、2–3。

不同露天日晒时间对比试验：以 1 cm 摊叶厚度分别在露天直接日晒 2 h、3 h、4 h，后以提香机 70℃干燥至足干的 3 个处理，分别记作 3–1、3–2、3–3。

表 6–8 不同对比试验的晒青六堡茶毛茶感官审评

处理	汤色	香气	滋味
1–1	浅，稍泛红亮	陈香兼栗香，正	尚醇尚厚
1–2	绿黄亮	陈香、欠愉悦	尚醇厚
1–3	黄绿亮	花香浓郁	浓尚醇
1–4	绿亮	甜香	浓欠醇
2–1	黄亮	青味重	尚浓醇
2–2	黄绿亮	青味尚浓	醇和
2–3	黄亮	甜香、青味	醇和
3–1	浅黄尚亮	透青味、花香	尚醇厚
3–2	黄亮	日晒味、青味	醇厚
3–3	橙黄亮	醇香、青味	醇厚

2. 结果与分析。感官审评结果显示：一是以 3 cm 摊叶厚度不同干燥方式，处理 1–4 汤色最绿，处理 1–1 汤色稍泛红；处理 1–3、1–4 香气较好，有花香、甜香；处理 1–2、1–3 滋味表现较好，为尚醇厚和浓尚醇。

二是萎凋棚内不同晾晒时间对比试验，处理 2–1 和 2–3 汤色黄亮，处理 2–2 汤色黄绿亮；处理 2–1、2–2 香气均有青味，处理 2–3 有甜香；处理 2–1 滋味尚浓醇，其浓度最好；处理 2–2、2–3 滋味醇和。萎凋棚内晾晒随着凉晒时间的增加，滋味逐渐变淡。

三是不同露天日晒时间对比试验，3 个处理的汤色由浅黄到黄稍深，颜色浓度 3–1 ＜ 3–2 ＜ 3–3，汤色随日晒时间的增加逐渐变深；处理 3–1、3–2 香气有青味，处理 3–3 有醇香；3 个处理滋味醇厚、含青味，其中处理 3–1 滋味含花香。

试验结果表明：六堡茶鲜叶经过杀青后，茶叶中的多酚氧化酶已经绝大部分被杀死、钝化，但经揉捻后茶汁中仍有部分多酚氧化酶与空气中的氧气产生缓慢的氧化反应，进而影响干茶品质。干燥时间对汤色、香气、滋味有一定影响。干燥时间短，茶汤颜色绿，香气以甜香、花香为主，滋味浓醇度稍差一些；反之，茶汤颜色黄或泛红，香气不清爽、不够愉悦，但茶汤滋味的醇滑度较好。

3. 小结与讨论。研究结果表明，不同干燥工艺对晒青六堡茶毛茶品质影响各不同。直接露天干燥 4 h 处理，汤色黄亮，有甜香，滋味醇和；萎凋棚内干燥 4 h 处理，汤色黄亮，有醇香，滋味醇厚，这 2 个处理晒青六堡茶毛茶综合品质较好。干燥工艺以萎凋棚干燥处理为佳，其次是提香机干燥处理和露天日晒处理，在有阳光的条件下建议采用萎凋棚干燥处理工艺。

五、各区域不同种类茶品质特征

（一）名优绿茶

名优绿茶外形以毛尖形、兰形和扁形为主。毛尖茶：以桂林毛尖茶为代表，为 20 世纪 80 年代初的新创名茶，于 1989 年、1993 年两次获农业部优质产品奖。茶叶以明前茶和白露茶为贵，原料采自适制绿茶的国家级无性系良种和群体种如荔浦修仁茶、鸠坑种等茶树，以一芽一叶初展为主。其主要品质特征为条索紧细，白毫显露，色泽翠绿，香气清高持久，汤色碧绿清澈，滋味醇和鲜爽，叶底嫩绿明亮。兰形茶：以漓江翠兰为代表，该茶获 2010 年“中绿杯”金奖，2008 年和 2009 年分别获“桂茶杯”一等奖。茶叶原料选择安吉白茶、乌牛早、福鼎种、鸠坑种等茶树良种，每年三月清明前采摘一芽一叶、二叶为原料，经科学制作而成。此茶品质特征为条索紧细，匀整秀美，色泽翠绿，滋味醇和、鲜爽，香气馥郁、持久，花香扑鼻，汤色黄绿明亮，叶底嫩绿柔软。扁形茶：以漓江剑毫为代表，选择乌牛早、安吉白茶、福鼎大毫等良种刚萌发的单芽头或一芽一叶初展为原料，原料要嫩、匀、整齐，经精工细作而成。此茶品质特征为外形扁平挺直似剑，色泽翠绿，清香气优雅持久、有兰香，滋味鲜醇，汤色黄绿明亮，叶底匀整柔软。

（二）名优红茶

名优红茶主要有野生古树红茶和栽培型红茶。桂林特色茶树主要产于龙胜、资源、兴安一带。红茶产品按茶树叶型大小可分为大叶种古树红茶和中叶种古树红茶。大叶种古树红茶以龙胜龙脊红茶为代表，茶树主要分布在龙脊、江底、伟江等乡镇，有 1 万多株，其产品主要特征为外形条索紧结，色泽乌润，汤色红亮，香气花香或果香，滋味醇和、鲜甜。中叶种古树红茶以兴安六垌红茶为代表，茶树主要分布在猫儿山区域，多产于竹林之中，其产品特征为外形红润尚紧细，汤色红亮，香气花香或甜香浓，滋味醇厚，含香。栽培型红茶主要是毛尖红茶，以适制红茶的茶树品种一芽一叶为原料制作而成，其产品特征为外形紧细乌润，汤色红亮，甜香浓持久，滋味鲜醇，叶底匀整柔亮。

（三）六堡茶

桂林在历史上是六堡茶产地之一，其产量与出口量曾可与梧州相比拟。桂林因优越的生态条件和丰富的品种资源，生产出的六堡茶品质优异，主要品质特征为外形条索紧结，色泽黑褐，汤色褐红，滋味浓醇。

（四）桂花茶

桂林以桂花树成林得名，种植有很多桂花树。桂林的桂花树因品种、气候原因，所开的花与其他城市相比香气更加浓郁，适合加工桂花茶。桂林桂花茶加工始于唐代，盛行于 20 世纪 70 年代，于 2014 年 11 月 18 日“桂林桂花茶”获农产品地理标志登记保护，2015 年桂花茶入选全国名特优新农产品，2016 年桂花香针获第四届“国饮杯”全国茶叶评比一等奖。调查表明，漓江流域一带有 2 万多株桂花树可采摘鲜花加工桂花茶，桂花茶将成为桂林的又一张名片向世人展示。桂花茶选用新鲜、无污染、无劣变、香气芬芳的桂花为原料，按照“桂花→茶坯→窨制→烘干→提花→成品”的工艺加工而成，主要有绿茶、红茶两类。桂花绿茶品质特征为外形紧结、匀整，色泽墨绿，缀有金花，汤色黄绿明亮，桂花香气浓郁持久，滋味醇厚，叶底黄绿明亮；桂花红茶品质特征为外形紧结、匀整，色泽乌润，缀有金花，汤色红亮，桂花香气浓郁持久，滋味醇和，叶底红匀明亮。

后 记

明代张源在《茶录》中说道："茶者，水之神；水者，茶之体。非真水莫显其神，非精茶曷窥其体。"可见，好的茶一定是产在好山好水之间。钟灵毓秀的桂林山水，就孕育出了独特的桂林好茶。

作为一名茶科技工作者，我一直希望能进一步挖掘桂林茶树资源，对其进行保护和开发利用，让更多的人了解桂林茶。2016 年 7 月，我申报的广西科技计划项目"桂林特色茶树资源的发掘与评价研究"得以立项，当即成立了课题组，紧锣密鼓地开展各项工作。

在项目实施过程中，我们走访了桂林的许多山村，发现桂林有着无比丰富的茶树资源及各种独特的茶文化。资源、龙胜、兴安的村寨，民风淳朴，我们上山寻找野生茶树，一身疲惫下山，村寨的人家不管认不认识，都会热情邀请我们到家里喝油茶。一碗热气腾腾的油茶下肚，再深呼吸一口山里清凉的空气，顿时感觉所有的疲惫都消散了。

在对桂林茶的研究过程中，我们深深感到桂林茶的优异品质与其目前较低的名声实在不够相称。曾经的贡茶如龙胜龙脊茶、兴安六垌茶、平乐糯湴茶都不复往日风光，尤其是平乐糯湴茶，已然泯灭在历史长河之中。然而，我们深信，通过各部门多方对桂林茶进行大力推广宣传，必将能让更多的人了解桂林茶，爱上桂林茶。

因为，桂林的茶，是真的好！

我们在桂林各地考察野生茶树资源的过程中，得到了桂林市各县农业农村局、桂林有关茶叶企业及个人的大力协助，还有为本书供图的摄影师易忠，以及许许多多帮助了我们的朋友，在此一并表示诚挚的谢意！

谭少波

2023 年 6 月